机械可靠性优化设计

王淑芬　张文卓　主编

电子科技大学出版社
University of Electronic Science and Technology of China Press
·成都·

图书在版编目（CIP）数据

机械可靠性优化设计 / 王淑芬, 张文卓主编. — 成都：电子科技大学出版社, 2023.1

ISBN 978-7-5770-0053-4

Ⅰ.①机… Ⅱ.①王… ②张… Ⅲ.①机械设计-可靠性设计 Ⅳ.①TH122

中国国家版本馆CIP数据核字（2023）第008477号

内容简介

机械的可靠性和优化技术是科研和生产中不可或缺的内容。本书是一本机械专业研究生课程教材，主要包括可靠性概念与设计、机械可靠性设计与可靠度计算、优化设计、机械可靠性优化设计的理论基础、机械部件可靠性优化实例分析等内容。通过对本书的学习，学生可以充分掌握可靠性设计和优化设计的相关知识和技能，在将来实际工作中加以运用。本书既可作为高等院校机械工程学位研究生教材，也可供从事可靠性与优化技术工作的工程设计人员、相关学校的师生使用，还可供相关专业的技术人员参考。

机械可靠性优化设计

JIXIE KEKAOXING YOUHUA SHEJI

王淑芬　张文卓　主编

策划编辑　李述娜　杜　倩

责任编辑　李述娜

出版发行　电子科技大学出版社

成都市一环路东一段159号电子信息产业大厦九楼　邮编 610051

主　　页　www.uestcp.com.cn

服务电话　028-83203399

邮购电话　028-83201495

印　　刷　北京亚吉飞数码科技有限公司

成品尺寸　170 mm × 240 mm

印　　张　13.75

字　　数　228千字

版　　次　2024年3月第1版

印　　次　2024年3月第1次印刷

书　　号　ISBN 978-7-5770-0053-4

定　　价　82.00元

PREFACE

前　言

为了提高产品质量与可靠性，也为了提高设计质量与经济效益，人们不断发展新的设计理论，改进设计技术与方法。在机械设计领域中，陆续出现了不少现代设计方法及相应的科学。随着科学技术的飞速发展，机械设计的可靠性和优化技术日益受到人们的关注，并慢慢发展成为科研和生产中不可或缺的内容。

近百年来，科学技术的进一步发展，尤其是计算机的出现，使得可靠性技术得到飞速发展，不但出现了一些实用的计算方法，而且出现了保证设计质量与提高可靠性的具体措施。国际上，美国于1950年成立了“电子设备可靠性顾问团”（AGREE），并于1957年发表了关于可靠性特征及可靠性试验的报告。从此，可靠性技术在世界各地得到了迅速发展。国内的可靠性研究也适应社会的发展与国际竞争的需要，出现了一种崭新的气象。

优化技术在第二次世界大战期间被美国首先应用在军事上。1967年，美国的R.L.福克斯等发表了第一篇机构最优化论文。随着数学理论和计算机技术的进一步发展，优化设计已逐步成为一门新兴的独立的工程学科，并在生产实践中得到了广泛的应用。

现在，计算机辅助设计、机械优化设计与机械可靠性设计在理论上和方法上都达到了一定的水平，并在应用中取得了一定的经济效益。但是，并没有充分发挥机械可靠性设计与优化设计的巨大潜力，这是因为机械可靠性设计有时并不等于最优化设计，如一个零件在经过可靠性设计后，并不能保证它的工作性能或参数就一定具有最佳状态，所以，要使机械零部件（产品）既保证具有可靠性要求，又保证具有最佳工作性能或参数，就必须将可靠性设计与最优化设计有机地结合起来，只有这样才能全面发挥这两种设计方法的特长，使其具有更先进、更实用的设计特点，这就是所谓的机械可靠性优化设计方法。

鉴于此，我们编写了本书，对机械可靠性优化设计方法做了较为详尽的介绍，并佐以实例，便于读者理解与掌握。本书主要包括可靠性概念与设计、机械可靠性设计与可靠度计算、优化设计、机械可靠性优化设计的理论基础、机械部件可靠性优化实例分析等内容。

本书第1～4章由王淑芬编写，第5章由张文卓编写。在编写中，编者参阅了有关教材、资料和文献，在此表示衷心的感谢。

目前，有关机械产品的可靠性优化设计理论还不完善，很多问题还在研究之中，有关可靠性设计的统计资料及设计数据缺乏，又限于编者的水平和经验，书中的不妥之处和错误在所难免，恳请读者批评指正。

编者

2022年6月

CONTENTS

目 录

第1章

可靠性概念与设计

通常产品的功能和特性是在设计阶段决定的。可靠性也是一样，设计时确定的目标值、预测值或用可靠性试验确认的特征量称为固有可靠度。产品完成设计后，经过制造、运输、储存、维修、使用等阶段，由于受到各种各样条件的制约，可靠度会降低，达不到固有可靠度。

因此，产品越复杂，在设计时就越要规定更高的固有可靠度，以确保产品最终到达使用者手中时能具有必要的使用可靠度。为此，在设计阶段不仅要使用传统的功能设计时所必需的技术资料，而且必须参考质量管理、维修、使用等所有领域的技术资料及管理资料等。收集、处理这些资料，并具体反映到设计中去，是上述可靠性设计活动的重要内容。

1.1　可靠性的定义

产品的未来性能总是存在着不确定性。由于种种原因（包括对一些知识的缺乏），系统的未来性能便成为一个随机变量。“概率”这个词的定义启发人们，把概率论的数学原理用于质量这种对于系统未来性能的不确定性问题中。概率可以用统计的方法来估计，因此，可靠性需要概率和统计两者作为支撑。例如，“圆满执行”和“正常运行”等揭示出这样的含义：为了使产品处于可靠的状态，产品必须在特定的性能范围内。例如，“在指定的运行条件下”和“根据指定的条件使用时”隐藏着这样的含义：可靠性是依赖于产品使用的环境和应用条件的。另外，如“给定的时间段”和“期望的寿命”说明产品必须在一个特定的时间段内适当地工作。在本书中，可靠性定义如下：可靠性是指产品或系统在其寿命周期条件内，在指定的时间段内执行预期功能（没有故障并在指定的性能范围内）的能力。这个定义涵盖了进行设计、评估和管理产品可靠性所必需的关键概念。

1.1.1 执行预期功能的能力

用户购买产品时，总是期望它能实现预期的功能。预期的功能常常由产品制造商以产品说明书、数据表单或使用文档的形式给出。例如，一部手机的产品说明书告诉用户，只要按照说明书规范使用，该产品就能打电话。如果出于某种原因，该手机接通时不能打电话，那它就被认为不具有执行预期功能的能力，或被认为已“故障”而不能执行预期功能。

在某些情况下，产品某个功能也许还在“工作”，但工作效果很差，以至于被认为不可靠。例如，手机还能拨打电话，但手机的扬声器改变了谈话的声音，以至于阻碍通话，类似2010年苹果手机iPhone 4报告出来的信号问题。由于苹果手机iPhone 4两侧的金属轮廓也充当了天线的作用，有些用户报告说，他们握着手机，并遮住手机左边的黑色部分，手机上的信号质量就会下降。这一争议导致苹果发布了免费保护案例，在有限的时间段内为使用iPhone 4用户提供免费保护，以平息消费者的投诉。

1.1.2 指定的时间段

用户购买产品时，总是期望产品在一定“时间”段内能确保使用。一般而言，制造商会提供一个明确的保修期，即制造商声明产品购买后的一定时间段内不会出现故障，如果出现故障，可以免费置换。对于一部手机来说，保修期也许是6个月，但用户的期望值可能是两年或更多。如果用户的期望值不能得到满足，那么将产品寿命只设计到保修期的制造商就会有许多不满意的用户。

1.1.3 寿命周期条件

产品的可靠性取决于所施加在产品上的条件（例如，环境和使用载荷）。这些条件贯穿在产品的整个寿命周期中，包括生产、运输、储存和使用。如果条件足够严酷，就会立刻造成产品故障。例如，如果掉落或坐在手机上面，就可能会立刻损坏屏幕。在某些情况下，这些环境载荷条件可能只会削弱产品的功能。然而，随着随后的环境条件（载荷）的继续作用，可能导致产品不能再继续执行预期的功能。例如，产品由于缺少一个螺丝导致散架，裂缝导致连着的零件分离，电阻变化引起开关操作间歇或按钮不能发送信号。

1.1.4 可靠性相关度量

可靠性是衡量产品性能的一种相对（条件概率）度量标准，它与以下内容相关。

（1）用户对产品功能需求的定义。

（2）用户所不满意的产品性能或产品故障的定义。

（3）产品预期寿命或规定寿命的定义。

（4）产品寿命周期内用户的操作和环境条件。

此外，产品的可靠性作为一个概率事件，由以下几个方面确定。

（1）预期的功能定义（可能在不同应用情况下定义不同的功能）。

（2）使用的环境条件。

（3）令人满意的性能定义。

（4）时间。

许多企业/机构都有一份“故障定义和评分标准”文件，该文件详细地描述了系统或设备的每一起事故或需要注意的每一事项，即如何进行与可靠性、安全性和维修性相关的处理。

1.2 可靠性设计

1.2.1 可靠性设计的地位

从产品的生产计划开始，经过构思、设计、研制、制造、装配、试验、使用、维修、故障反馈，一直到报废，所有阶段都应当有可靠性保证措施。其中，设计正确是确保设计阶段可靠性的重要一环，因为生产是按照设计进行的，所以设计决定了产品的固有可靠性。

1.2.1.1 可靠性技术要求

产品在设计之初，应当有详细的可靠性技术要求，它把可靠性和维修要求具体化，并且说明操作、维修和环境对可靠性的影响。通常由用户提出技术要求，如果用户没有明确的要求，那么可靠性工程师应当自己确定产品的可靠性目标。根据技术要求，在设计阶段弄清潜在的可靠性缺陷、薄弱环节及其产生的原因，并尽可能在设计阶段及时修改设计。

可靠性技术的要求包括可靠性指标及定义中的几个要点，主要有下列内容。

（1）可靠性指标。应明确地规定指标的目标值，而且可以预测和量度。如果指标是可靠度，应标明规定的时间。

（2）失效定义。必须明确失效的定义和失效模式。

（3）维修性指标。在规定可靠性指标时，维修性是一个重要因素。良好的维修性可以提高零件和设备的可靠性，如通过预防维修，适时地更换性能逐渐衰退的零件，可以避免由于磨损、变形、疲劳、腐蚀等原因而引起的失效。维修性也有许多指标，通常采用的是平均修复时间（MTTR）和最大维修时间。

（4）载荷情况。需要对载荷谱等加以说明，因为载荷的较强度变化对失效有更大的影响。

（5）环境条件。在正常工作的情况下，环境对于应力水平的影响很大，是引起失效的重要原因之一。所以，应当对环境条件进行要求及限制。

（6）可靠性保证。对机械产品进行可靠性试验常常是不可能的，因为可靠性试验费时又费钱。因此，试验不能作为唯一的保险手段。为了保证设计能达到可靠性目标，技术要求应当说明包括哪些关键性的措施（如设计评审、FMECA、FTA等）和预测，如何记录，使用什么数据及来源，采取什么样的设计观点，等等。

1.2.1.2　冗余分析

冗余也称为“贮备”，是提高系统或设备可靠性的主要方法之一。在进行设计方案审查时需要进行冗余分析，冗余在系统设计中比在设备设计中更有用。

在系统中采用冗余是十分必要的。重要的系统必须有冗余，即在系统中增加一些冗余部件（或子系统），以求当系统的某一零部件发生故障时，整个系统仍能正常工作，如汽车的制动系统。

冗余设计的内容是：在体积、重量、成本和能耗等约束条件下，确定最优的冗余方式和预测冗余系统的可靠性。

冗余有多种方式，常用的有：并联冗余，如泵或阀门的并联使用等；表决冗余（*k*/*n*系统），如飞机的发动机系统，有4台发动机的飞机，只要其中2台能够正常工作，即可以保证正常飞行，称为2/4系统，因此装4台发动机比装2台发动机有更高的可靠性；旁联（待机）冗余，冗余部分平时并不参加工作，而是处于等待状态，一旦工作的部件发生故障，它就能立即开始工作；载荷均分并联冗余，在这种冗余系统中并联的子系统平均地分担载荷，当一个子系统失效时，幸存的子系统便承担增大了的载荷。

必须注意，为了提高系统的可靠性，应首先考虑采取下列方法：简化设计；采用高可靠性的零部件；使产品工作时的功率、速度等低于额定值，降额使用。

1.2.1.3 维修性分析

维修性分析包括确定修复时间分布、预测维修度、备件数、维修策略、最佳维修周期以及维修人员的规模和技术水平等。

1.2.1.4 设计评审

设计评审是可靠性计划中的一项基本活动，主要目的是从可靠性、维修性和安全性的要求出发，对产品设计进行全面而深入的审查和分析，及早地查出设计中的缺陷并加以补救，以保证产品在使用时能达到可靠性和维修性目标。

通常，从设计到使用，要使机械产品的可靠性达到满意的程度，可能要花几年甚至更多的时间，而且预定的可靠性目标不一定能实现。这时，设计人员应注意及时修改设计，否则会使成本提高或延误时间。经验表明，设计更改得越早，损失越小。一般来说，在试验和生产之前更改设计的花费，比生产时再更改设计要便宜几十倍甚至更多。

1.2.2 可靠性设计的过程

可靠性设计的一般流程为“方案—设计—开发—制造—使用/支持”，也是实现零失效的设计需要的工作步骤。

在设计这个阶段要展开具体的设计，如电路设计、机械制图、零件/供应商选择等。因此，设计工作的各个细节应全面展开。

在“设计”阶段，需要确定供应商，有了初步的物料清单，便可以开始进行初步的可靠性预测。这一阶段的其他工作还有设计失效模式与危害性，分析（FMECA）、当前产品问题的分析（经验总结）、失效树分析、关键项目清单、人机工程、危害与可操作性分析（HAZOPS），以及设计评审。此外，载荷防护和非材料性的失效模式应该作为FMECA的一部分或者单独考虑。

1.2.2.1 计算机辅助工程（CAE）

计算机辅助工程（CAE）方法被用于执行各种各样的设计任务。CAE还能完成一些采用其他方法非常困难或不经济的设计，如复杂电子电路的设计。CAE在电子设计中通常称为电子设计自动化（EDA）。CAE还能大大地提高工作效率，如果使用得当，能够使设计更为可靠。

专门的CAE软件还可以对融入了其他技术（如液压、磁学和微波电子学）的系统和产品进行设计与分析。因为现在还出现了多个领域的技术能力，所以CAE能针对混合技术设计进行建模和分析。

CAE能够对不同的设计方案进行快速评估，以及对公差、变异和失效模式进行分析。因此，如果能系统和严谨地使用，并详细记录所分析和评估的各个方案，就能够在成本、制造性和可靠性方面得到优化。

但是，大多数CAE工具都存在很大的局限性。软件模型很难准确地表示设计的所有方面及产品的实际工作环境。例如，电子电路模拟程序通常会忽略元器件之间的电磁干扰影响，绘图系统会忽略应力或温度引起的变形。因此，使用CAE的工程师必须了解这些局限及它们对设计的影响。

1.2.2.2 失效模式、影响与危害性分析（FMECA）

失效模式、影响与危害性分析（FMECA）[或失效模式与影响分析（FMEA）]可能是使用最广泛和最有效的设计可靠性分析方法。FMECA的原理是分析系统的每个零部件的各个失效模式，并依次确定每一失效模式对系统工作的影响。失效的影响可以在不止一个层次上考虑，如在子系统和整个系统的层次上。

FMECA可以是基于实体件的，也可以是基于功能的。在基于实体件时，分析的是实体件的失效模式（如电阻器开路、轴承卡死）。在实体件有多种可能时，或者在设计早期阶段实体件还没有完全确定时，可使用基于功能的方法，这种方法考虑功能失效（如无反馈、记忆丢失）。注意，功能失效模式可以是在基于实体件的FMECA中考察实体件失效的影响。FMECA还能同时基于实体件和功能的组合方法来进行。

1.2.2.3 FMECA的步骤

有效的FMECA应该由对系统设计和应用方面有深入理解的工程师团队完成。这个团队还可以包括其他部门的专家，如采购、技术支持、试验、设备、市场等部门。因此，首先是获得关于设计的所有能收集到的信息，包括能够得到的各种规范、图样、计算机辅助工程（CAE）数据、应力分析、试验结果等。危害性分析还必须有可靠性预测的数据，或能够同时生成这些信息。

如果还没有可获得的信息，就应该制作系统功能框图和可靠性框图，因为它们是进行FMECA和理解整个分析的基础。

如果系统在不止一个阶段下工作，即存在不同的功能关系或产品的工作模式，则在分析时也要予以考虑。研究者还要考虑冗余的效果，评估冗余的子系统在可用或不可用情况下各失效模式的影响。

研究者可从不同的角度进行FMECA，如安全性、任务成功、可用性、修理费用、失效模式或影响的可探测性角度等。研究者需要确定并表明分析考虑的观点。例如，与安全性相关的FMECA可能给一项严重地影响了可用性但没有严重影响安全性的失效一个比较低的危害性分数。

然后，研究者使用合适的工作表，针对产品或者适当层次的分组件，参考可用的设计数据和分析目的，即可开展FMECA。对于一个新设计，特别是对于失效后果严重（产品保修成本高、可靠性声誉、安全性等）的情况，分析时应该考虑到所有零部件的失效模式。但是，如果是基于现有设计的，特别是还不清楚设计细节，则考虑分总成的功能失效模式可能更合适。

一旦有了早期的设计信息，FMECA就应该开始了。随着设计的进行，应该迭代式地进行FMECA，这样才能利用分析结果影响设计，并生成最终完成的设计文档。各个设计方案应该单独分析，这样在决定选择哪个方案时可以考虑它们对可靠性的影响。

FMECA不是一项烦琐的工作，而是要花费许多工时甚至几个星期的工作。要穿过复杂的系统来准确地跟踪低层次失效的影响也是困难的。CAE（或电子设计自动化EDA）软件可以用来帮助分析，从而有助于弄清零部件层次的失效对复杂系统工作的影响。即使有了这样的帮助，FMECA对于一些设计也可能是不合适的，如数字电子系统，它极可能出现低层次失效（如集成电路内的晶体管失效），而且这些影响（就其因系统状态不同也会大为不同的意义上说）是动态的，随着系统的状态不同而不同。

1.2.2.4　FMECA的应用

FMECA的主要用途是识别对安全性或可靠性关键的失效模式及其影响，除此以外还有其他方面的用途。它们包括：

（1）识别出应该包括在试验计划中的特征。

（2）给出了诊断流程，如流程图或故障查找表。借助FMECA，研究者很容易列出能够产生某一失效影响或者症状的失效模式及其发生的可能性。

（3）给出了预防性维修的要求。失效的影响和发生度可以与定期性检查、保养或更换联系起来考虑。例如，如果某个失效模式对安全性或者任务成功没有很大的影响，那么这个零件可以仅在失效时更换而不必定期更换。

（4）帮助设计机内测试（BIT）、失效指示和冗余系统。对于具有这些功能的系统的FMECA来说，失效的可检测性是非常重要的。

（5）用于可测试性的分析，特别是用于电子部件和系统。自动或人工的测试设备能够保证硬件能够经济地进行测试并诊断失效。

（6）用于自动测试和BIT软件的开发。

（7）作为安全性和可靠性分析的正式记录予以保存，作为向用户提交报告所需的证据或者产品安全方面诉讼时的证据。

（8）可用来分析生产导致失效的可能性，如二极管方向错误。在制订试验计划及从事面向制造的设计时，这样的工艺对FMECA是非常有用的。这些活动的协调十分重要，这样就可以在上面所有工作中最有效地利用FMECA，并确保能在需要时FMECA已经做好准备。

1.2.2.5 用FMECA进行可靠性预测

进行FMECA主要是为了确认关键的失效模式和评估设计备选方案，因此应该使用实际最差情况下的失效率或可靠性值，如同MIL-STD-1629中的那样。有些标准规定了应该配合FMECA使用的可靠性预测方法，如用于电子类产品的MIL-HDBK-217或者用于机械类产品的NSWC-06/LE10。但是，要意识到可靠性预测中所固有的大量不确定性，特别是在单个失效事件的层次上。因此，对于那些被认为可造成严重后果的失效模式，或悲观的假定被证明是真实的时，应该总是以最不利情况下或最悲观的可靠性值作为输入的值。另一种方法是在没有可信的定量数据时，可以按预先的设置在0~1范围内赋值（如1=一定发生，0.5=偶尔发生，0.1=很少发生，0=不会发生）。总之，失效模式危害越大，最不利情况的可靠性就应该越差。

1.2.2.6 载荷-强度分析

载荷-强度分析（load-strength analysis，LSA）是在进行设计时用到的一种确保所有载荷和强度情况都被考虑到的方法，如果需要，制订试验计划时也是如此。载荷-强度分析可以开始于设计阶段早期，随着关于系统特性数据的获得，持续到DfR（design for reliability，DfR）过程的绝大部分。LSA应该包括下列内容：找出可能的最不利载荷和强度的数值及其变异规律。

1.2.2.7 危害与可操作性分析（HAZOPS）

危害与可操作性分析（HAZOPS）是一项用于识别系统可能引起的潜在危害并消除它或使其最小化的方法。它用于诸如石化工厂、铁路等系统的开发过程，通常是强制安全性审核过程的一部分。

1.2.2.8 零部件、材料和过程（PMP）的评估

设计中用到的所有新零件、新材料和新工艺都应该被识别出来。此处的“新”是指对某个设计和生产的单位而言意味着是新的。设计工程师可能会认为零部件或材料能表现得与手册规定的一样，并能将工艺控制得完全符合设计。可靠性和质量保证（QA）工程师必须确保这样的信心是有充分根据的。因此，在使用新零件、新材料和新工艺前，工程师必须进行评估和试验，并据此安排对生产人员进行充分的培训，制订质量控制保证措施和安排好备选的资源。新零件、新材料和新工艺必须经正式批准才能进入生产过程，并添加到核准清单中。必须从可靠性角度对材料和工艺进行评估。涉及可靠性的主要考虑因素包括：

（1）循环加载。只要载荷是循环的，包括经常发生的冲击载荷，就必须考虑疲劳问题。

（2）外部环境。必须考虑到存储和工作环境中的一些因素，如腐蚀和超高温的影响等。

（3）磨损。对于所有存在相互接触的运动部件，必须考虑材料的磨损特性。材料特性有着很大的变异，即使是对诸如钢、铝合金、塑料和橡胶这类的材料，概括地分析这些变异与可靠性的关系也是不现实的。材料的选择必须基于若干因素，设计评估过程必须保证与可靠性相关的问题得到应有的关注。

1.2.2.9 非材料失效模式

大多数可靠性工程都涉及材料的失效，如由载荷–强度干涉和强度退化引起的失效。然而，有很大一类失效模式与这种材料失效无关，但它的后果

却很严重。相关例子包括：

（1）固定重要板件的紧固件，可能因磨损而变得不牢固，或已经松动但未被检测出。

（2）密封件磨损，引起液压系统或者气动系统的泄漏。

（3）由于电弧和氧化物的堆积，致使接触电阻升高。

（4）表面保护失效，如油漆、金属电镀或阳极化表面。

（5）在多针电气连接器上，插针变形或接触不稳定。

（6）电子元器件参数的漂移。

（7）电子系统中的电磁干扰（EMI）和定时问题。

（8）其他诸如不当的维修、搬运或存储等人为原因引起的失效。例如，忽视了给长期存放的电解电容器充电，结果导致使用时充电容量减小。

（9）由于公差不匹配而导致子系统之间存在接口问题。

所有这些模式导致的失效都可以观测到。失效报告系统总是包含一部分这样的失效内容，但是，通常还有技能水平、个人态度和维修程序等因素造成的主观的解释和可变性，特别是对复杂设备。

非材料的失效在设计阶段更加难以分析，而且经常不会在试验过程中显现出来。设计可靠性评估应该考虑这些类型的失效，即使在某些情况下不大可能预计发生的概率，尤其是人为因素的失效。

1.2.2.10 关键项目清单

关键项目清单是经其他分析表明可能对最终产品的可靠性有相当大的影响或者涉及不确定性的项目的汇总。它的目的是突出这些项目，并将为减小风险所采取的措施汇总。这个清单起初是在设计分析时提出的，但随着项目的进行，会根据试验结果、设计更改和服务数据进行更新。关键项目清单是管理汇报和采取行动的顶层文件，因为它基于“例外管理”的原则并汇总了最重要的可靠性问题。因此，通常包括的产品不应该超过10个，并且应根据关键程度排序，这样管理重点就能够集中在少数最重要的问题上。如果有足够的数据，可以用Pareto图显示出相对重要性。关键项目清单上应该有问题的名称和非常简要的说明及状态报告，并列出其他相关的报告。

1.2.2.11 载荷防护

对极端的载荷进行防护并不总是可行的，但应尽可能予以考虑。在很多情况下，可以事先得出最大载荷，没必要进行特殊防护。但是在很多其他情况下，可能出现极端的外部载荷，而且可以进行防护。有些标准产品能够提供对诸如液压或气动系统过压、冲击载荷或电过载的防护。如果要提供过载防护，就要在可预计的最大载荷下进行可靠性分析，但应牢记防护系统的误差。适当时，还必须考虑防护系统失效时可能出现的载荷。

但是，在大多数实际情况下，设计出能承受预定载荷并接受超出预定的载荷即可能引起失效这个事实就足够了。在进行全面的可靠性分析时，必须计算出出现这种载荷的概率。要求计算出这些极端事件的分布并非总是可行的，但也许可从类似产品的失效记录，或从试验或其他记录中得到相关数据。

如果得不到可信的数据，则必须估计最不利的设计载荷。重要的是要估计并明确最不利的设计工况。一种常见的失效原因是采用了与平均载荷条件相关的安全系数，而没有对使用产品时可能出现的极端条件给予充分的考虑。

1.2.2.12 针对强度降低的防护

强度降低有很多种，它是在设计可靠性分析时所考虑的最困难的问题之一。人们已经对金属疲劳引起的强度降低有了很好的理解和记录，因此涉及金属疲劳的可靠性分析，包括由于诸如缺口、拐角、孔洞和表面加工等造成的应力集中效应，都能够较好地完成，而且设计的零件能在低于疲劳极限的工况下工作或零件已按规定的安全寿命进行设计。

然而，其他退化机理通常更为复杂。组合应力可能会加速损坏或降低疲劳极限。腐蚀和磨损程度取决于环境和润滑情况，因此其影响常难以预测。如果不能做到完全防护，设计工程师也必须就检查、润滑或定期更换等制定维护程序。对具有复杂退化过程的设计进行可靠性分析经常是不切实际的，所以应该设计一些试验，通过在已知的加载条件下产生失效来获得所需的数据。

1.2.2.13 设计评估的管理

必须将这里的评估方法视为严格的设计工作程序的一部分，否则评估将仅仅是一项意义不大的工作，而不会向使设计更可靠的目标推进。为了使工作有效必须由了解设计的人员来完成这一工作。这不一定是指由设计工程师完成，原因有二：首先，该分析是对设计工程师所做工作的审核，因此与设计工程师评估自己的工作相比，独立的评估通常更能指出需要进一步做哪些工作；其次，这里的分析并非像设计那样是原则性的工作。设计工程师应是具有创造性的，从这个意义上讲，将时间用在重新评估这项工作上是没有价值的。但是，设计工程师可能最有资格进行大部分的分析，因为他们了解问题所在，评估过各备选方案，进行过所有的设计计算并制订了设计方案。另外，有创造性才能的人可能最不善于耐心地运用相当冗长的评估方法。

这种情况下最好的方法是评估人员和设计人员紧密地协同工作，并在具有创造性的过程中做“提出反对的人”。以这种方式，设计人员和评估人员作为同一个团队共同工作，并尽可能早地发现问题。理想的评估人员应该是可靠性工程师，其能力受到设计工程师的尊重，他们的共同目标是使设计完善。因为可靠性工程师不可能像设计工程师那样耗费很多时间在一项设计上，一名可靠性工程师通常可以涵盖几个设计工程师的工作。显然其比例取决于具体工程项目和涉及的设计领域需要考虑的可靠性工作量。

在同一个团队工作时，设计工程师和可靠性工程师在正式分析报告产生前就能够解决许多问题，并能就提出的建议达成一致，如应进行哪些试验。因为可靠性工程师要计划并监督试验，所以保持这种联系。在图样签发之前，这种团队工作方式能使设计充分地得到评估和分析，在这一阶段后进行变更会困难而且成本高得多。

遗憾的是，该团队工作方法不被经常采用，设计工程师和可靠性工程师在分析时是分开进行的，彼此通过邮件、电话或者隔着会议桌远远地向对方提出意见。这样，人们会对设计评估和可靠性的工作失去信心。受到影响的主要是设计本身，因为人们会坚持己见。

为使设计分析持续发挥作用，设计分析必须随着设计和开发工作的进行不断更新。每次正式评估必须基于设计实际状态分析，并有试验数据、零部件评估等的支持。分析应作为设计工作的一部分并被安排在计划中，在适当的阶段被安排设计评估。该评估应提前做好计划，设计工程师必须十分清楚这个步骤。所有参加人员应事先得到简报，这样他们就不会将评估时间浪费在了解基本的信息上。为此，所有的参加人员在评估前将得到一份正式的分析报告（可靠性预计、载荷-强度分析、PMP评估、可维护性分析、关键项目清单、FMECA、FTA）及产品的介绍，包括相应的数据和图样。设计工程师应该做一个简短的介绍，并答复所有一般性的疑问。每个分析报告即形成一个单独的会议议程，以它们的询问和建议作为讨论和决策的主题。如果设计工程师能根据经验制作适合于该设计的检查清单，则可浏览一遍分析报告，但要参照随后的说明。

这个过程可以使几乎所有需要进一步研究或决定的事情都预先在团队内部持续、非正式地讨论。正式评估就变成了决策讨论，而且也不会因讨论琐碎问题而陷入停顿。这在很大程度上依赖检查清单，与几乎没有准备的设计评估会议形成了鲜明的对比。那样的评估变成了缓慢地翻阅检查清单，其中的很多问题可能都与这个设计无关。

现场应该有设计工程师和可靠性工程师团队成员（他们可能属于质保部门）。负责人应该是项目经理或能够做出影响设计决策的人员，如总设计师。有时设计评估由采购单位主持，或者它也可能申请参加。如果设计评估仅是咨询而没有权威性，那么是不会有效果的，因此所有参加者都必须与该项目有关（作为顾问的专家除外）。

正式的设计评估会应该在有充分的信息时召开，并且在能及时促进以后的工作而对项目进度和预算干扰最小的情况下召开。正式的和非正式的设计评估应该从DfR的“识别”阶段开始，几乎贯穿于全部阶段，当然，程度可能不同。典型的是根据初步设计完成、开发试验完成和生产标准图样完成进行的三次评估。每次评估批准进入下一阶段，并可附带必要的条件，如设计更改、附加试验等。设计评估是项目进展过程中的主要里程碑。当然，它们不仅仅关注可靠性，可靠性工程师已经在很大程度上影响了进行现代设计评估的方式，而设计评估又是可靠性工作中的关键任务。

1.2.2.14 基于失效模式的设计评估（DRBFM）

如果设计的变动不大，可以采用被称为基于失效模式的设计评估的方法。这种方法最早由丰田公司的工程师根据“现有的成功设计在发生变更时会出现可靠性问题”的原则制定。DRBFM可以视为FMECA的简化版，它将关注点集中在新的点上和更改了的点上。DRBFM鼓励设计团队从多个角度讨论潜在的设计问题或者弱点，并制订改正的措施。

DRBFM 以FMECA为基础而关注产品发生的变更，无论这种变更是有意的还是无意的。因此，DRBFM的做法和FMECA类似，表格也类似。DRBFM的工作表可以不尽相同，但是通常都需要以下信息：零部件名称、功能、变更点、变更原因、潜在失效模式、出现条件、对用户的影响、预防该失效的设计步骤、建议、措施（DRBFM的结果）及实施结果（DRBFM完成）。

1.2.2.15 人因可靠性

“人因可靠性”这一术语包含操作人员或维修人员能影响系统正确或安全工作的情形。在这些情形下，人们容易出现失误，并能在不同方面引起零部件或系统失效。

在任何因为人的不可靠可能会影响产品可靠性或安全性的设计中，可靠性工程师都必须考虑人员的可靠性。像FMECA和FTA这样的设计分析应该包括人的因素，如操作或维修中出现错误的可能性、检测出失效情况和应对的能力及人机工程学或其他可能的影响因素。另外，只要涉及人的操作，设计工程师在产品设计中就应该全面考虑心理和生理方面的因素，以尽可能降低工作中人因错误的可能性。

已经有一些研究试图量化各种人因错误的概率，但是处理这些数据时必须谨慎，因为人的表现十分易变，很难根据过去的记录做出可信的预测。人为失误的概率通常可以通过培训、监督和激励等方式降低，因此在分析时必须考虑到这些因素。当然，在很多情况下，设计部门很少或不能控制这些因素，但是能够利用这种分析来强调对专门培训、独立检查或操作及维修人员的指导及警告的需要。

1.3　可靠性数学基础

产品的可靠性被定义为“可靠性是指产品或系统在规定的条件下，并在规定的时间内执行预期功能（即没有故障，并在指定的性能范围内）的能力”。本节主要介绍其基本定义和数学理论。

对于某个具体系统而言，其目的和需求决定了最有意义和最有用的可靠性度量方法。在一般情况下，一个产品可能需要执行各种功能，每一个功能都具有不同的可靠性。另外，在不同的工作时间（周期数或系统使用的其他任何的度量方式）内，系统在规定的条件下也可有不同的成功执行所需功能的概率。

1.3.1　可靠度

对于样本量为常数 n_0 的被测试或被监视的相同产品，在任意的时间 t 内，如果 n_f 个产品已经发生故障，剩下的 n_s 个产品仍然运作良好，则

$$n_s(t)+n_f(t)=n_0 \tag{1-3-1}$$

式中，t 可以是老炼时间、经历的总时间、工作时间、工作循环数和行程距离，或用测试量来代替，取值范围为$-\infty\sim+\infty$；此量在统计学中称为变量，可以是离散型（如循环数）或连续型，当它可取某一范围内的任意值时为连续量。

在给定的一段时间内，某种产品（或过程、事件）的故障次数是一个基本的可靠性指标，样本量中故障产品的比例是产品在任意时刻 t 的不可靠的 $\hat{Q}(t)$ 的估计，即

$$\hat{Q}(t)=\frac{n_f(t)}{n_0} \tag{1-3-2}$$

此处，变量上面的符号表示的是估计。类似的，产品在任意时刻t的可靠度估计$\hat{R}(t)$为样本量中工作（末故障）产品的比例，即

$$\hat{R}(t)=\frac{n_s(t)}{n_0}=1-\hat{Q}(t) \tag{1-3-3}$$

由于$\hat{R}(t)$和$\hat{Q}(t)$都是范围在[0，1]之间的分数，乘以100后就是以百分数表示的概率。

通过测试和监测样本得到的可靠度估计值一般都会有波动。例如，电灯泡设计为可持续使用，即10 000h，而当所有的灯泡在同一时间、同一个屋子里点亮，它们却不太可能同时发生故障，或在工作10 000h后发生故障。在被测试的响应结果和运行时间二者之间存在差异是可以想象的。实际上，产品可靠度评估结果通常与对这些差异的估计和测量有关。

通过增加样本数量n_0的方法可以提高给定时间可靠度评估的准确性。大样本量的需求与投骰子和硬币相关的概率测试试验所需的条件状况类似。这意味着当样本量接近无穷大时，由式（1-3-2）和式（1-3-3）给出的估计值接近实际值$R(t)$和$Q(t)$。因此，可靠度与不可靠度的实际含义是，在大量的重复试验中，正常与故障出现的频率将会近似等于估计值$\hat{R}(t)$和$\hat{Q}(t)$。

某产品参数进行一系列测试后所得到的响应值可以画成直方图，用来评价这种变化性。

从成败的角度来看，可靠度与系统寿命相关，并且是一个以时间为坐标的质量特征。用来度量可靠度的随机变量为故障时间T随机变量。如果假设T是连续的，那么故障时间随机变量就有概率密度函数$f(t)$。

设概率密度函数为

$$f(t)=\frac{1}{n_0}\frac{\mathrm{d}\left[n_f(t)\right]}{\mathrm{d}t}=\frac{\mathrm{d}[Q(t)]}{\mathrm{d}t} \tag{1-3-4}$$

对式（1–3–4）两边分别进行积分，得到不可靠度与故障概率密度函数 $f(t)$ 的关系为

$$Q(t)=\frac{n_f(t)}{n_0}=\int_0^t f(\tau)\mathrm{d}\tau \qquad (1\text{–}3\text{–}5)$$

这里的积分式表达的是产品在时间间隔 $(0\leqslant\tau\leqslant t)$ 内发生故障的概率。对于连续型随机变量，不可靠度也称为累积故障概率分布函数（cdf），而任意时间内的可靠度称为可靠度函数，即

$$R(t)=\text{概率}[\text{产品寿命}>t]=P[T>t]=1-P[T\leqslant t]$$

式中，$P[T\leqslant t]$ 为累积故障概率，用 $F(t)$ 来表示，称为累积分布函数。

同理，产品在时间 t 内未发生故障的产品百分比可通过概率密度函数曲线时间 t 右侧的面积来表示，即

$$R(t)=\int_t^{\infty} f(\tau)\mathrm{d}\tau$$

由于产品寿命终结时，总故障概率要等于1，函数 $f(t)$ 被近似归一化，即

$$\int_t^{\infty} f(\tau)\mathrm{d}\tau=1$$

1.3.2　风险率

所有现场产品的故障可能源于产品自身的设计缺陷、生产和质量控制中存在的相关问题、用户使用导致的差异性、用户维护策略以及不正确地使用

或滥用产品。风险率$h(t)$定义为在t时刻一定量未失效产品中单位时间内发生失效的数目。风险率的理想模型（尽管很少出现）满足典型浴盆曲线规律，如图1–1所示。下面将对三个区域分别进行简要介绍。

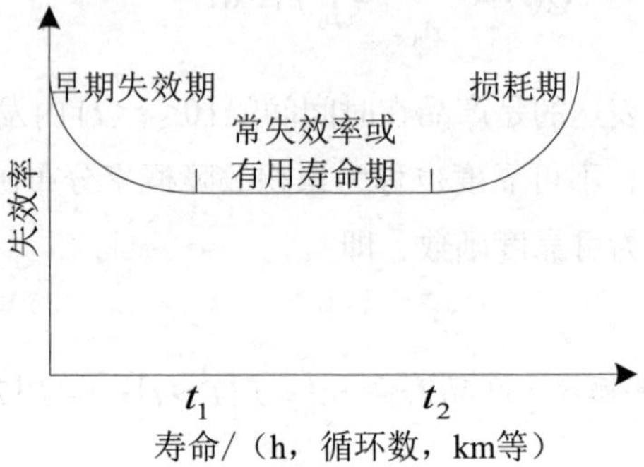

图1–1 故障率或失效率浴盆曲线

（1）早期失效期。该区域表现为高风险率，且风险率快速下降（称为“老炼期”“早期失效期”或“调试期”）。失效率在时间t_1便已达到稳定值，此时缺陷产品都已经发生失效。有些生产商在产品出厂前专门对产品进行老炼筛选，以减少产品在进入市场后的早期故障。

（2）有用寿命期。该区域产品达到了它最低的风险率水平，其特征是：风险率近似为常数，通常称为“恒定风险率”，这个区域通常是产品设计考虑的重要阶段。

（3）损耗期。时间t_2表示有用寿命期的结束和损耗期的开始，在t_2时间点之后，产品风险率快速增大。当风险率相对较高时，应对产品进行更换或维修，更换计划要基于对这个阶段风险率的认知。

可靠性优化必须考虑实际的寿命周期。实际的风险曲线形状可能更加复杂，甚至不会表现出这三个时期。

1.3.2.1 风险率激励与发展

假设在$t=0$时刻正常工作的样本数为N，$N_S(t)$是随机变量，表示在t

时刻正常工作的样本数，且符合参数为 N 和 $R(t)$ 的二项分布，其中，$R(t)$ 是某个样品在 t 时刻的可靠度。用 $\bar{N}(t)$ 来表示 $N_S(t)$ 的期望值，公式表示如下：

$$E\left[N_S(t)\right]=\bar{N}_S(t)=NR(t)$$

或

$$R(t)=\frac{\bar{N}_S(t)}{N}$$

并且

$$F(t)=1-R(t)=\frac{N-\bar{N}_S(t)}{N}$$

通过微分运算，有

$$f(t)=-\frac{\mathrm{d}F(t)}{\mathrm{d}t}=-\frac{1}{N}\frac{\mathrm{d}\bar{N}_S(t)}{\mathrm{d}t}=\lim_{\Delta t\to 0}\frac{\bar{N}_S(t)-\bar{N}_S(t+\Delta t)}{N\Delta t} \tag{1-3-6}$$

式（1–3–6）显示出失效cdf根据原有数量 N 的大小归一化。不过，根据 时刻正常工作的平均样本数量的比例进行归一化更有意义，因为这样可表明那些仍在正常工作样本的风险率。如果用 $\bar{N}_S(t)$ 取代 N，则风险率或瞬时风险率可用式（1–3–7）表示为

$$h(t)=\lim_{\Delta t\to 0}\frac{\bar{N}_S(t)-\bar{N}_S(t+\Delta t)}{\bar{N}_S(t)\Delta t}=\frac{N}{\bar{N}_S(t)}f(t)=\frac{f(t)}{R(t)} \tag{1-3-7}$$

因此，风险率是指在间隔开始时以某一定时间间隔发生失效的速率。在 t 时刻有 N_1 个单元开始工作，Δt 时刻后有 N_2 个单元仍在工作，即经历 Δt 时刻有 $\left(N_1-N_2\right)$ 个单元失效，于是风险率函数 $\hat{h}(t)$ 为

$$\hat{h}(t) \approx \frac{N_1 - N_2}{N_1 \Delta t}$$

或者

$$风险率=\frac{间隔时间内的失效数}{间隔起点的存活数\times时间间隔}$$

风险率 $h(t)$ 是失效的一个相对比率，与初始样本量无关。由式（1-3-7）可知，可靠度与风险率之间的关系为

$$h(t) = \frac{-1}{R(t)} \frac{\mathrm{d}R(t)}{\mathrm{d}t} \tag{1-3-8}$$

因为

$$f(t) = -\frac{\mathrm{d}R(t)}{\mathrm{d}t}$$

对式（1-3-8）在时间 $0 \sim t$ 间积分，注意 $R(t=0)=1$，对两边取指数为

$$\int_0^t h(\tau)\mathrm{d}\tau = -\int_0^t \frac{1}{R(\tau)}\mathrm{d}R(\tau) = -\ln R(t)$$

$$R(t) = \mathrm{e}^{-\int_0^t h(\tau)\mathrm{d}\tau}$$

1.3.2.2 风险率函数的特性

风险率的一些特性有助于更好地理解可靠性，可以证明：

$$\int_0^t h(\tau)\mathrm{d}\tau \underset{t\to\infty}{\longrightarrow} \infty$$

为了证明这一点，首先要注意：

$$h(t)=\frac{f(t)}{R(t)}=\frac{1}{R(t)}\left[-\frac{\mathrm{d}}{\mathrm{d}t}R(t)\right]$$

因此，

$$\int_0^t h(\tau)\mathrm{d}\tau=-\int_0^t\frac{1}{R(\tau)}\left[-\frac{\mathrm{d}}{\mathrm{d}\tau}R(\tau)\right]\mathrm{d}\tau$$

$$=-\ln[R(\tau)]\Big|_0^t$$

$$=-\ln[R(t)]+\ln[R(0)]$$

当 $t\to\infty$ 时， $R(t)\to 0$ ，因此当 $t\to\infty$ 时， $-\ln[R(t)]\to\infty$ ，并且 $\ln[R(0)]=\ln[1]=0$ 。于是

$$\int_0^\infty h(t)\mathrm{d}t\to\infty$$

还可用如下方法证明，即

$$\int_0^{t\to\infty}h(\tau)\mathrm{d}\tau=\int_0^{t\to\infty}\frac{f(\tau)}{R(\tau)}\mathrm{d}\tau=\int_0^{t\to\infty}\frac{f(\tau)}{1-F(\tau)}\mathrm{d}\tau$$

令 $u=1-F(\tau)$ ，则

$$\mathrm{d}u=-f(\tau)\mathrm{d}\tau$$

于是

$$-\int_1^{t\to\infty}\frac{\mathrm{d}u}{u}=-\ln u\Big|_1^{t\to 0}\to\infty$$

在某一个时间间隔 $[t_1,t_2]$ 内失效发生的比率被称为这个间隔内的风险

率。这个与时间相关的函数是一个条件概率，其定义为到 t_1 时刻前尚未发生失效，在该时刻后间隔 $[t_1, t_2]$ 单位时间内发生一个失效的概率。因此风险率为

$$\frac{R(t_1)-R(t_2)}{(t_2-t_1)R(t_1)}$$

如果重新定义时间间隔为 $[t, t+\Delta t]$，上述表达式变为

$$\frac{R(t)-R(t+\Delta t)}{\Delta t R(t)}$$

上面定义的“比率”表示为单位“时间”的风险率，这里“时间”可能为小时、周期数或者使用千米数等产品通常使用的单位。

风险率函数 $h(t)$ 定义为当 $\Delta t \to 0$ 时风险率的极限值。

$$h(t)=\lim_{\Delta t \to 0}\frac{R(t)-R(t+\Delta t)}{\Delta t R(t)}=\frac{1}{R(t)}\left(-\frac{\mathrm{d}}{\mathrm{d}t}R(t)\right)=\frac{f(t)}{R(t)}$$

因此，$h(t)$ 是产品工作到 t 时刻时其失效的条件概率的变化率。

风险率函数的重要性在于它指出了器件总数在其整个寿命周期中失效率的变化。例如，两种设计可以使产品在某个特定时间点具有相同的可靠度，但是这个时间点的风险率可能会不同。因此，评估累计风险率函数 $H(t)$ 通常是有用的，可表示为

$$H(t)=\int_{\tau=0}^{t} h(\tau)\mathrm{d}\tau$$

$R(t)$ 与 $F(t)$ 都和 $h(t)$ 与 $H(t)$ 有关，即

$$h(t)=\frac{f(t)}{R(t)}=\frac{1}{R(t)}\left(-\frac{\mathrm{d}}{\mathrm{d}t}R(t)\right)=-\frac{\mathrm{d}\ln[R(t)]}{\mathrm{d}t}$$

或者

$$-\mathrm{d}\ln(R(t)) = h(t)\mathrm{d}t$$

两边积分得到下面关系：

$$-\ln[R(t)] = \int_{\tau=0}^{t} h(\tau)\mathrm{d}\tau = H(t)$$

或者

$$R(t) = \exp\left[-\int_{\tau=0}^{t} h(\tau)\mathrm{d}\tau\right] = \exp\left[-H(t)\right]$$

1.3.2.3　条件可靠度

条件可靠度函数 $R(t,t_1)$ 定义为不可修系统正常工作 t_1 时间后能够继续正常工作 t 时间的概率。条件可靠度可表示为系统正常工作至 $t+t_1$ 时刻的可靠度与工作间隔时间 t_1 的可靠度的比值，其中 t_1 是开始新试验或执行新任务前系统的“年龄”。条件可靠度函数为

$$R(t,t_1) = P\left[(t+t_1) > T \mid T > t_1\right] = \frac{P\left[(t+t_1) > T\right]}{P\left[T > t_1\right]}$$

或者

$$R(t,t_1) = \frac{R(t+t_1)}{R(t_1)}$$

如果产品风险率为递减函数，则条件可靠度会随已工作时间 t_1 的增长而增加。反之，如果产品的风险率为递增函数，则条件可靠度会随着已工作时间 t_1 的增长而下降。当产品的风险率为常数时，条件可靠度与工作时间无

关，即对于风险率恒定的产品，任何时候都可以按“好如新”来对待。

1.3.3 产品寿命百分数

产品的可靠度还可以用寿命的百分数表示。这种方式最初常用于描述轴承的寿命，文献中通常用符号 B_α 表示寿命，寿命 B_α 定义为 α% 产品出现失效的时间，即

$$F\left(B_\alpha\right)=\frac{\alpha}{100}$$

或者

$$R\left(B_\alpha\right)=1-\frac{\alpha}{100}$$

例如，B_{10} 寿命表示产品寿命为10%，即

$$F\left(B_{10}\right)=\frac{10}{100}=0.1$$

而 B_{95} 寿命表示产品寿命为95%，即

$$F\left(B_{95}\right)=\frac{95}{100}=0.95$$

或者

$$R\left(B_{95}\right)=1-\frac{95}{100}=0.05$$

中值寿命是产品寿命为50%，记为 B_{50}。概率分布的中值寿命 M 为分布的一半面积处对应的时间（到达50%可靠度的时间），即

$$\int_0^M f(t)\mathrm{d}t = 0.5$$

1.3.4 失效时间

T 的均值或期望值可以衡量该随机变量的集中趋势，也称一阶中心距，可用 $E[T]$ 或 μ 表示，即

$$E[T] = u = \int_{-\infty}^{+\infty} t f(t)\mathrm{d}t$$

1.3.4.1 关于原点和均值的矩

随机变量 T 的 k 阶原点矩为

$$\mu_k^{'} = E\left[T^k\right] = \int_{-\infty}^{+\infty} t^k f(t)\mathrm{d}t, k = 1,2,3,\cdots$$

注意到一阶原点矩就是均值，即

$$E[T] = u_1^{'} = u$$

随机变量 T 的均值的 k 阶矩为

$$\mu_k = E\left[(T-\mu)^k\right] = \int_{-\infty}^{+\infty} (t-\mu)^k f(t)\mathrm{d}t, k = 2,3,4,\cdots$$

如果已知所有的原点矩，则均值的 k 阶矩为

$$u_k = \sum_{j=0}^{k} (-1)^j \binom{k}{j} \mu^j u'_{k-j}$$

而

$$C_j^k = \binom{k}{j} = \frac{k!}{j!(k-j)!}$$

1.3.4.2 预期寿命/平均失效前时间（MTTF）

对于给定的故障概率密度函数，平均失效前时间MTTF定义为失效前的期望值，即

$$E(T) = \text{MTTF} = \int_0^{\infty} t f(t)\mathrm{d}t$$

可以看出上式等效为

$$\text{MTTF} = \int_0^{\infty} R(t)\mathrm{d}t$$

由以上分析可见，$E(T)$是随机变量T的一阶原点矩或概率密度函数的重心。当产品风险率为常数时，$E(T)$也称为平均失效间隔时间（MTBF），即失效概率密度函数为指数形式。

MTTF只适用于失效分布函数已知情况，这是因为对于给定的MTTF所对应的可靠度函数值依赖于失效数据建模的概率分布函数。此外，不同的失效分布可能具有相同的MTTF，但是所对应的可靠度可能不同。

产品或系统的首次失效通常会对安全、保修和保障造成巨大的影响，进而影响产品的收益。因此，失效分布的初期值对于可靠性来说是重要的。

1.3.4.3 方差/二阶矩

随机变量相对于均值的分散程度信息可以用方差、标准差或变异系数表示。随机变量T的方差也称为T的二阶中心距，表示了数据相对于均值的变化性和分散性，用$V(T)$来表示，即

$$\mu_2 = V(T) = E\left[(T - E(T))^2\right] = \int_{-\infty}^{+\infty} (t - E(T))^2 f(t)\mathrm{d}t$$

又可知，$\mu_0' = \int_0^{\infty} t^0 f(t)\mathrm{d}t = 1, \mu = \mu_1'$，则有

$$\mu_2 = \mu_2' - 2\mu\mu_1' + \mu^2\mu_0' = \mu_2' - \mu^2$$

又因为二阶原点矩为$E\left(T^2\right) = \mu_2'$，可将随机变量的方差用原点矩表示为

$$V(T) = E\left[(T)^2\right] - \{E(T)\}^2 = \mu_2' - \mu^2$$

方差的正平方根称为标准差，用σ表示，即

$$\sigma = \sqrt{V[T]}$$

虽然标准差在表达上与均值有相同的单位，如果不与均值相关联，其绝对值并没有清楚地表示出随机变量的分散程度。由于标准差和均值有相同的单位，可以由标准差和均值两者之比引入一个无量纲的参数，这就是变异系数，随机变量T的变异系数用$CV(T)$表示，即

$$\alpha_2 = CV(T) = \frac{\mu_2^{\frac{1}{2}}}{\mu} = \frac{\sigma}{\mu}$$

1.3.4.4 偏度系数

对称度可以利用偏度的概念来度量，它和第三阶矩 μ_3 有关。它可以是正的也可以是负的，可以引入一个对偏度的无量纲量即偏度系数来回避量纲问题，即

$$\alpha_3 = \frac{\mu_3}{\mu_2^{\frac{3}{2}}}$$

若 $\alpha_3 = 0$，则分布是对称的；若 α_3 为正数，则偏差值高于均值；若 α_3 为负数，则偏差值低于均值。如果分布对称，则平均值为中点值；如果分布为负偏态，则中点值大于平均值；如果分布为正偏态，则中点值小于平均值。

对于产品可靠性而言，希望产品可以使用更长时间。因此，要对产品进行设计并使得其寿命分布是负偏态。对于产品的维修性，希望在最短的时间内使产品恢复功能，故产品的修复时间应该服从正偏态分布。

1.3.4.5 峰度系数

偏度指不对称程度，而峰度指在均值附近数据的集中程度，它可以通过第四阶矩得到。第四阶矩除以方差的平方得到无量纲的峰度。峰度系数描述了一个分布的峰度或平坦度，即

$$\alpha_4 = \frac{\mu_4}{\mu_2^2}$$

在标准正态分布中 $\alpha_4 = 3$，因此，有时将峰度系数定义为

$$\alpha_4 - 3 = \frac{\mu_4}{\mu_2^2} - 3$$

对照标准正态分布，比较这个分布的峰度或平坦度。

1.4　可靠性数据分析

1.4.1　可靠性数据的收集

与普通数据相比，可靠性数据的收集具有以下特点。

（1）数据量大，代价高昂。由于研究的是某个产品的不确定性（如寿命的分布），故必须有足够数量的观测样本（需要多个零件）。可靠性指标$R(t)$、$\lambda(t)$等均为时间函数，其观测（故障）时间长，导致占用设备、花费人力、消耗能源和试件，造成高昂的时间和经济代价。

（2）数据采集及分析的复杂性。抽样的多少，抽样的合理性（随机性、客观代表性），设备的试验环境、试验人员的技能和经验、对试验数据采用的分析处理方法的科学性和效率要求均导致可靠性数据采集与分析的复杂性。

因此，我们必须综合考虑上述特点，尽可能做到客观地收集来自现场和实验室的数据，并运用科学且合乎经济要求的分析方法处理这些数据。

1.4.1.1　实验室数据

在实验室内利用试验设备（如疲劳试验机），测量装置（如计时、计数器）和分析仪（专用或通用计算机）对产品（如轴、轴承）进行模拟寿命试验，测定故障发生的时间、失效件数等，一般应考虑如下情况。

（1）样本容量选取和抽样合理性。首先要保证样本足够，其次抽样应避免人为主观因素影响并确保数据分布的合理性。这是对产品的可靠性做出正确统计推断的基本前提，也是可靠性试验科学的基本问题之一。目前，尚无明确规定的统一方法，在多数情况下是考虑经济因素，按照产品价格和试验的复杂程度决定样本数目。

产量少、价格高、测量复杂的产品，一般只能取较少的抽样观测样本。产量大、价格低、测量简单的产品，一般取大量的抽样观测样本。工程上称少于20件的样本为小样本。

（2）试验方式的选取。产品寿命试验通常可分为以下方式。

①完全寿命试验：从试验开始直到投入试验的产品全部失效。机械零件的疲劳试验就属于完全寿命试验，可以给出可靠的完全数据。

②截尾试验：是一种不完全试验，可分为以下两种。

a.定时截尾试验：试验进行到规定时间 t_0 时即停止。投入样品数 n 和试验时间 t_0 均为常数，产品失效数目 n_f 是随机变量。规定时间 t_0 不能过短，以保证产品有足够的失效数目。

b.定数截尾试验：试验进行到某个规定的失效数目 n_f 时即停止。投入样品数目 n 和失效件数 n_f 为定值，而失效时间 t_0 为随机变量。

两种截尾试验都含有观测中断的数据，即运转了一定时间而尚未发生故障的（产品）数据。因其统计是不完全的，故称为不安全数据。采用截尾试验的主要目的在于节约时间，提早得到分析结果。此方法主要用于电子产品和机械标准通用件，如滚动轴承（性能稳定，如定时截尾时对应的 n_f/n 变化不大），而其他机械产品一般不用截尾试验。

1.4.1.2 现场实测数据

在现场使用中观测到的产品寿命（故障）数据较实验室中所得的数据更能反映产品的实际可靠性。但因现场情况（环境）差异很大，使用时间也不相同，故可靠性数据缺乏可比性，规律性较实验室差。为避免错误信息，应注意以下几点。

（1）制定出统一的产品正常（故障）的判断标准。生产者与用户、操作者与维修人员（司机与修车工）对产品故障的看法不完全一致，必须拟定出上述人员一致认可的统一的故障判断标准。

（2）应注意现场数据抽样的合理性。确保抽样的随机性、分布的合理性，既要调查故障发生产品，也要调查正常产品。不能故意挑选故障品（或正常品），即保证抽样机会的均等性。

（3）产品调查对象范围的明确性。对产品调查的项目范围要统一明确。例如，调查汽车（或飞机、机床等机电产品）的可靠性时，有人记录了电气部件的故障，忽视了机械部分，有人则相反，这使得数据的可比性很差。

（4）产品的使用环境、维修条件应明确分类。不同的使用环境、不同的维修条件（手段、设备、技术水平）可导致同一类产品的失效部位、失效方式不同，应明确加以分类，查明原因，按类收集定出标准，以使得在较为接近的使用环境和维修条件下有较好的可比性。

总之，可靠性数据的收集工作是一项实践性和理论性均很强的工程科学技术，并对经济水平有很强的依赖性。在强有力的经济背景支持下的大型综合性实验室的建立以及相应的可靠性科学技术研究是最有前途的。

1.4.2 可靠性数据分布参数的估计方法

可靠性分析的目的是得到产品的寿命、强度等随机变量的分布参数（或特征值）。为此需运用数理统计方法对试验得到的样品数据加以统计分析、计算，并由此推断出母体参数的范围及其对应的可信度。

1.4.2.1 点估计（无偏估计）

设 θ 为某母体的某个未知参数（如 $\mu_X,\sigma_X,\cdots$），$x_i(i=1,2,\cdots,n)$ 为母体 X 的一个随机抽样。称 $\hat{\theta}=\theta\left(x_1,x_2,\cdots,x_n\right)$ 为 θ 的一个估计值。由于 $x_i(i=1,2,\cdots,n)$ 代表 n 维随机变量空间内的一点，故称为点估计。$\hat{\theta}$ 为一个随机变量，常用一个标准，即无偏性评价 $\hat{\theta}$ 的好坏。

若随机变量 $\hat{\theta}$ 满足 $E(\hat{\theta})=\theta$（θ 为母体参数），则 $\hat{\theta}$ 为母体参数 θ 的一个无偏估计。可以证明，子样的均值和方差如下式所示，即为无偏估计。

$$\left.\begin{aligned}\bar{X}&=\left(\sum_{i=1}^{n}x_i\right)/n\\ S^2&=\left[\sum_{i=1}^{n}\left(x_i-\bar{x}\right)^2\right]/(n-1)\end{aligned}\right\}$$

证明：设各 x_i 相互独立且有相同（抽样应保证）的分布，则

$$E(\bar{X})=\frac{1}{n}E\left(\sum x_i\right)=\frac{1}{n}\sum E\left(x_i\right)=\mu_X$$

故

$$\begin{aligned}
E\left(S^2\right)&=\frac{1}{n-1}E\left\{\sum\left[\left(x_i-\mu\right)-(\bar{x}-\mu)\right]^2\right\}\\
&=\frac{1}{n-1}E\left\{\sum\left[x_i-\mu\right)^2-2\left(x_i-\mu\right)(\bar{x}-\mu)+(\bar{x}-\mu)^2 n\right]\right\}\\
&=\frac{1}{n-1}\left\{\sum E\left[\left(x_i-\mu\right)^2\right]-nE\left[(\bar{x}-\mu)^2\right]\right\}\\
&=\frac{1}{n-1}\left[n\sigma^2-nD(\bar{X})\right]=\frac{n}{n-1}\left[\sigma^2-D(\bar{X})\right]\\
&=\frac{n}{n-1}\left[\sigma^2-D\left(\frac{1}{n}\sum x_i\right)\right]\\
&=\frac{n}{n-1}\left[\sigma^2-\frac{1}{n^2}\sum D\left(x_i\right)\right]\\
&=\frac{n}{n-1}\left(\sigma^2-\frac{1}{n^2}n\sigma^2\right)\\
&=\sigma^2
\end{aligned}$$

证毕。

从而说明，$S^e=\frac{1}{n}\sum_{i=1}^{n}\left(x_i-\bar{x}\right)^2$ 为有偏估计。特别是在小样本时影响较为明显。

1.4.2.2 置信区间与置信度

点估计 $\hat{\theta}$ 是母体参数 θ 的估计值，但我们无法由它知道估计精度有多高，对应精度的可靠性有多大。因此，希望在 $\hat{\theta}$ 的基础上估计出母体参数 θ 所在的区间及其对应的可信度。

设 $\hat{\theta}_L$ 、$\hat{\theta}_U$ 为母体参数 θ 所在区间的左右端，它们是两个点估计值。若对某个 $\alpha(0<\alpha<1)$ 下式成立：

$$P\left(\hat{\theta}_L < \theta < \theta_U\right) = 1 - \alpha$$

则称$\left(\hat{\theta}_L, \theta_U\right)$为$\theta$的$1-\alpha$置信度的置信区间，而$\alpha$称为所给区间的风险度。

假如$\alpha = 0.01$，则表示真值θ落入区间$\left(\hat{\theta}_L, \theta_U\right)$的可能性为99%，而区间内不包含$\theta$的概率是1%。

1.4.3 可靠度的置信区间

可靠度与置信度均为概率，无量纲。但是它们在概念上是有区别的，前者是零件在规定时间内保持正常工作的概率，后者则是由样本值定出的估计区间将母体参数θ包括于其内的概率。

由于任何可靠性试验都是在有限子样和有限时间内完成的，因而没有给出置信度的可靠性是没有实用价值的。因此，必须引入置信度下的可靠度。

具有单侧置信区间的置信度可靠度为

$$P\left(R \geqslant R_L\right) = 1 - \alpha \tag{1-4-1}$$

式中，R母体可靠度；R_L为系统允许的最小可靠度；$1-\alpha$为置信度，常取90%、95%、99%三种情况。式（1-4-1）意义为，以有限样本数据估计母体可靠度时，实际可靠度不小于最小可靠度的可能性。

1.4.4 可靠性数据概率分布的正态性检验

在可靠性分析中，工程师经常用有限的样本估计母体的参数，并检验其分布的特性。其中，最为常规的是检验分布的正态性，下面介绍一种正态概率纸法。

1.4.4.1 正态概率纸检验的原理

正态概率纸是一张有特殊刻度的坐标纸，正态概率纸是各种概率纸中最常用的。其原理为，将标准正态函数 $\varPhi(Z)$ 用非比例坐标表示。正态概率纸的横轴是均匀刻度，用 x 表示；纵轴是不均匀刻度，用 $F(x)$ 表示。其中，

$$F(x)=\frac{1}{\sqrt{2\pi}}\int_{-\infty}^{x}\mathrm{e}^{\frac{(-\overline{v})^2}{2\sigma^2}}\,\mathrm{d}t=\varPhi\left(\frac{x-u}{\sigma}\right)$$

使得正态随机变量 x 和对应的分布函数值 $F(x)$ 在此非比例坐标系内为一直线。

（1）在 $x-Z$ 上作出直线。

$Z=\dfrac{1}{\sigma}(x-\mu)$ 的图形如图1–2所示。

$$Z=0,x=\mu,Z=\pm1,x=\mu\pm\sigma,\cdots$$

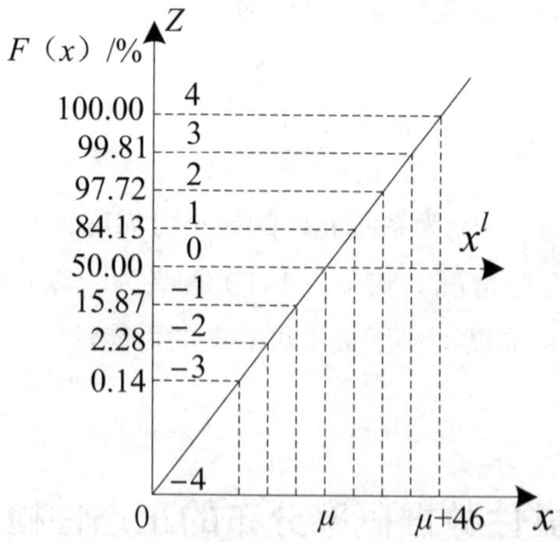

图1–2 正态随机变量 x 的累积概率图

（2）利用正态分布表和关系式。

由 $\varPhi(Z)=F[Z(x)]=F(x)$ 得不等距概率值，例如：

$$F(\mu+2\sigma)=\Phi(2)=97.72\%$$
$$F(\mu+3\sigma)=\Phi(3)=99.87\%$$
$$F(\mu-\sigma)=\Phi(-1)=15.87\%$$

由此绘制成正态概率纸。检验原理：若随机变量为正态分布，则其各点 $x_i,F(x_i)$ 应在正态概率纸上的某条直线上。

1.4.4.2　检验方法与步骤

（1）利用计算机自行打印正态概率纸。

（2）将试验数据按 $x_1<x_2<\cdots x_i<x_{i+1}<\cdots<x_n$ 排序。

（3）计算 x_i 的平均秩或中位秩 $F(x_i),F(x_i)=\dfrac{i}{n+1}$ 或 $F(x_2)=\dfrac{i-0.3}{n+0.4}$。

（4）将算得的点对 $x,F(x_i)$ 画在正态概率纸上，并粗略观察它们是否大致在一直线上。若太分散则直接否定其正态性，若大致在直线上则作线性回归。

（5）线性回归得到最佳拟合方程 $z=a+bx$，并利用它绘制出该直线，再提取参数 μ，σ；$F(x_i)=\Phi(z_i)$，查表得 z_i，利用线性回归公式：

$$a=\overline{z}-b\overline{x}$$

$$b=\frac{L_{xz}}{L_{xx}}$$

其中，$\overline{x}=\dfrac{1}{n}\overline{z}x_i$，$\overline{z}=\dfrac{1}{n}\overline{z}z_i$，$L_{xz}=\overline{z}x_iz_i-\dfrac{(\overline{z}x_i)(\overline{z}z_i)}{n}$，$L_{xx}=\overline{z}x_i^2-\dfrac{(\overline{z}x_i)^2}{n}$，$L_{zx}=\overline{z}z_i^2-\dfrac{(\overline{z}z_i)^2}{n}$，$a=\overline{z}-\dfrac{L_{zx}}{L_{xx}}\overline{x}$，$\hat{\rho}=L_{xz}\big/\sqrt{L_{xx}L_{zx}}$。

求出 a、b，则 $\overline{z}=a+b\overline{x}$。又 $z=\dfrac{x-\mu}{\sigma}$，当 $z=0$ 时，$\dfrac{x=\mu}{\sigma}$，则 $\mu=-\dfrac{a}{b}$；当 $z=1$ 时，$x-\mu=\sigma$。

（6）相关性检验，计算相关系数 $\hat{\rho}$ 与 $\rho_{\min(a)}$ 并做比较。

思考题

（1）可靠性技术的要求有哪些？

（2）可靠性设计的一般流程包括哪些步骤？

（3）可靠性数据分布参数的估计方法有几种，分别是什么？

第2章

机械可靠性设计与可靠度计算

机械产品、电子产品或其他很多种产品都具有结构，本章只研究机械和设备结构的强度，而不分析运动的功能。从可靠性设计角度看，机械结构强度的传统设计工作做得比较细，因此比较成功。在机械结构设计中进行应力分析和采用安全系数，实际上都是为了保证可靠性。

2.1 机械可靠性设计原理

2.1.1 可靠度的一般表达式

传统上，根据载荷-强度干涉分析推导零件可靠度计算公式的原理如下。首先，不失一般性，假设应力是定义在$(-\infty,+\infty)$上的随机变量。为了构建应力-强度干涉模型，对连续分布的随机应力的定义域（概率空间）进行划分，即把应力的定义域划分为n个小区间即Δs_1，Δs_2，…，Δs_n，并用各小区间的中值代替各区间内的应力水平。显然，应力 s 处于宽度为 Δs_i 的第 i 个小区间内（用随机事件 B_i 表示）的概率近似为

$$P(B_i)=P\left(s_i-\frac{\Delta s_i}{2}\leqslant s\leqslant s_i+\frac{\Delta s_i}{2}\right)=h(s_i)\Delta s_i$$

而强度大于该应力水平的概率，即应力取值为 s_i 时零件不发生失效的概率为（零件不失效的概率用随机事件 A 表示）

$$P(A|B_i)=P(S>s_i)=\int_{s_i}^{+\infty}f(S)\mathrm{d}S$$

根据全概率公式 $P(A)=\sum P(B_i)P(A|B_i)$，当应力为 $(-\infty,+\infty)$ 区间上的随机变量时，零件可靠度（不失效概率）表达式为

$$R=\sum_i h(s_i)\Delta s_i\int_{s_i}^{+\infty}f(S)\mathrm{d}S$$

对上式取极限，即可得出根据强度分布和应力分布计算零件可靠度的一般达式：

$$R=\lim_{\Delta s_i\to 0}\sum_i h(s_i)\Delta s_i\int_{s_i}^{+\infty}f(S)\mathrm{d}S=\int_{-\infty}^{+\infty}\left[\int_{s}^{+\infty}f(S)\mathrm{d}S\right]h(s)\mathrm{d}s$$

由上式同理可得

$$R=\int_{-\infty}^{+\infty}\left[\int_{-\infty}^{S}h(s)\mathrm{d}s\right]f(S)\mathrm{d}S$$

根据随机变量的概率密度函数与累积分布函数之间的关系，可靠性干涉模型还能写成以下这两种等效的形式：

$$R=1-\int_{-\infty}^{+\infty}F(s)h(s)\mathrm{d}s$$

$$R=\int_{-\infty}^{+\infty}H(S)f(S)\mathrm{d}S \tag{2-1-1}$$

式（2-1-1）中，$H(S)=\int_{-\infty}^{S}h(s)\mathrm{d}s$，$F(s)=\int_{-\infty}^{s}f(S)\mathrm{d}S$，在形式上分别等同于应力累积分布函数和强度累积分布函数。需要明确的是，在概念上，它们却是某种条件概率，因为在$H(s)$和$F(s)$的表达式中，积分变量与积分上限为不同的物理量。

如果定义一个给定应力s下的条件可靠度$R(s)$：

$$R(s)=\int_{s}^{+\infty}f(S)\mathrm{d}S$$

因为应力s是定义在$(-\infty,+\infty)$上的随机变量，$R(s)$是随机变量的函数。所以，根据求随机变量函数的期望值的数学公式，也可以直接写出可靠度计算公式为

$$R=\int_{-\infty}^{\infty}h(s)R(s)\mathrm{d}s=\int_{-\infty}^{+\infty}h(s)\left[\int_{s}^{+\infty}f(S)\mathrm{d}S\right]\mathrm{d}s$$

根据应力–强度干涉模型，如果已知应力分布和强度分布，就可以计算出零件的可靠度。当应力$s\sim N(\mu_s,\sigma_s^2)$与强度$S\sim N(\mu_s,\sigma_S^2)$均为正态分布时，还可以进行以下变换：

$$y=S-s \tag{2-1-2}$$

由式（2-1-2）可知，y也服从正态分布，即$y\sim N(\mu_y,\sigma_y^2)$，且有$\mu_y=\mu_S-\mu_s$，$\sigma_Y^2=\sigma_S^2+\sigma_s^2$。

由此，可靠度可以表达为随机变量y大于零的概率，即

$$R=\int_{0}^{+\infty}\frac{1}{\sigma_y\sqrt{2\pi}}\exp\left[-\frac{1}{2}\left(\frac{y-\mu_y}{\sigma_y}\right)^2\right]\mathrm{d}y$$

令

$$z=\frac{y-\mu_y}{\sigma_y}$$

则 z 为服从标准正态分布的随机变量，且有

$$R=\int_{-\frac{\mu_S-\mu_s}{\sqrt{\sigma_S^w-\sigma_s^w}}}^{+\infty}\frac{1}{\sqrt{2\pi}}\exp\left(-\frac{z^2}{2}\right)dz \qquad (2-1-3)$$

应用式（2-1-3）计算零件可靠度的方便之处在于，可靠度R可以从标准正态分布表中查得，即

$$R=1-\varphi\left[-\frac{\mu_S-\mu_s}{\sqrt{\sigma_S^2+\sigma_s^2}}\right]=\varphi\left[\frac{\mu_S-\mu_s}{\sqrt{\sigma_S^2+\sigma_s^2}}\right]=\varphi(\beta)$$

上式将应力分布、强度分布和可靠度三者联系在一起，该方程称为“连接方程”，是可靠性设计中的基本公式。式中，由 $\varphi(\beta)$ 为标准正态分布对应于参数值 β 的累积概率分布函数值，$\beta=\frac{\mu_S-\mu_s}{\sqrt{\sigma_S^2+\sigma_s^2}}$ 称为可靠性系数或可靠度指数，其值为

$$\beta=\frac{\mu_S-\mu_s}{\sqrt{\sigma_S^2+\sigma_s^2}}$$

关于可靠性干涉模型，还有一点应该明确的是，在应力–强度干涉图中，干涉区域面积的大小通常并不等于失效概率。

$h(s)$ 为应力概率密度函数，$f(S)$ 为强度概率密度函数，$p(s)$ 的函数形式为

$$P(s)=h(s)\int_{-\infty}^{s}f(S)\mathrm{d}S$$

$P(s)$ 函数曲线下的面积在数值上等于失效概率（该面积一般小于干涉区域面积）。

例2–1　已知某机械零件的工作盈利和材料强度均为正态分布，其工作应力的均值 μ_s =350MPa，标准差 σ_s =18MPa，而材料强度的均值 μ_δ = 420MPa，标准差 σ_s =18MPa，试确定该零件的可靠度。若该零件材料的标准差为 σ_δ =50MPa，则其可靠度又为多少？

解　利用连接方程计算零件的连接系数 Z_R：

$$Z_R = \frac{\mu_\delta - \mu_s}{\sqrt{\sigma_\delta^2 + \sigma_s^2}} = \frac{420-350}{\sqrt{18^2+18^2}} = 2.75$$

根据 $Z_R = 2.75$，利用标注正态分布表查得

$$R = \varphi(Z_R) = \varphi(2.75) = 0.997$$

该零件的可靠度为99.7%。

当零件材料强度的标准差变为 σ_s =50MPa，则用同样方法可得

$$Z_R = \frac{420-350}{\sqrt{18^2+50^2}} = 1.317$$

$$R = \varphi(Z_R) = \varphi(1.317) = 0.9054$$

这时，零件的可靠度只有90.54%，表明由于材料强度标准差增加，数据更为分散，导致零件可靠度从99.7%下降到90.54%。

2.1.2　可靠度与安全系数

在可靠性设计中，将应力 S 和强度 σ 处理成随机变量，定义 $n = \frac{\delta}{S}$ 并称之为可靠性安全系数。可靠性安全系数也是一随机变量，当已知其概率密度 $f(n)$ 时，零件可靠度 R 又可表示为

$$R = P\left(n = \frac{\delta}{S} > 1\right) = \int_1^{\infty} f(n)\mathrm{d}n$$

上式将可靠度与安全系数联系在一起。

可靠性安全系数有平均安全系数、概率安全系数和随机安全系数等三种形式。

2.1.2.1 平均安全系数

设零件强度均值为 μ_δ，危险截面上应力值为 μ_S，则平均安全系数 n_c 定义为

$$n_c = \frac{\mu_\delta}{\mu_S}$$

由
$$Z = \frac{\mu_\delta - \mu_S}{\sqrt{\sigma_\delta^2 + \sigma_S^2}} = \frac{\dfrac{\mu_\delta}{\mu_S} - 1}{\sqrt{\left(\dfrac{\mu_\delta}{\mu_S}\right)^2 \cdot C_\delta^2 + C_S^2}}$$

得
$$n_c = \frac{1 + Z\sqrt{C_\delta^2 + C_S^2 - Z^2 C_\delta^2 C_S^2}}{1 - Z^2 C_\delta^2}$$

式中，$C_S = \dfrac{\sigma_S}{\mu_S}$，$C_\delta = \dfrac{\sigma_\delta}{\mu_\delta}$分别称为应力变异系数和强度变异系数。

公式推导的前提条件是，应力和强度均服从正态分布。安全系数与可靠度的关系较为复杂。当应力和强度的标准差 σ_S 和 σ_δ 不变时，安全系数越高，应力–强度干涉区面积越小，因而可靠度越高；当安全系数不变时，σ_S 和 σ_δ 越小，则可靠度越高。

2.1.2.2 概率安全系数

概率安全系数 n_R 的定义为，在某一概率值 $(a\%)$ 下零件材料的最小强度

$\delta_{a\min}$ 与在另一概率值$(b\%)$下可能出现的最大应力 $S_{b\max}$ 之比，即

$$n_R = \frac{\delta_{a\min}}{S_{b\max}}$$

假设应力和强度均服从正态分布，则有

$$n_R = \frac{\mu_\delta - \sigma_\delta \cdot \varphi^{-1}(a)}{\mu_S + \sigma_S \cdot \varphi^{-1}(b)} = \frac{\mu_\delta\left[1 - C_\delta \varphi^{-1}(a)\right]}{\mu_S\left[1 + C_S \varphi^{-1}(b)\right]} = \frac{1 - C_\delta \varphi^{-1}(a)}{1 + C_S \varphi^{-1}(b)} \cdot n_c$$

上式表示了概率安全系数与平均安全系数及强度、应力统计特征量之间的关系。在可靠性工程中，一般 $a = 95\%$ ， $b = 99\%$ ，相应有 $\varphi^{-1}(a) = 1.65$ ，$\varphi^{-1}(b) = 2.33$ ，于是上式又可表示为

$$n_R = \frac{1 - 1.65C_\delta}{1 + 2.33C_S} \cdot n_c$$

由分析可知，概率安全系数比平均安全系数更为合理。

2.1.2.3 随机安全系数

由于应力和强度是随机变量，因此可靠性安全系数（t=应力/强度）也是一随机变量，故又称之为“随机安全系数”。

设 $\bar{n}$ 为随机安全系数 n 的均值，经有关数学推导，可得

$$\bar{n} = \frac{1}{1 - C_n \cdot \sqrt{\dfrac{R(t)}{1 - R(t)}}}$$

$$C_n = \sqrt{C_\delta^2 + C_S^2}$$

式中， C_n 为 n 的变异系数， $R(t) = P(n \geqslant 1)$ 。

随机安全系数n的范围由下式确定：

$$1 \leqslant n \leqslant 2k \cdot \overline{n} - 1$$

$$k = \frac{\overline{n}\left(C_n^2 + 1\right) - 1}{\left(\overline{n} - 1\right)}$$

随机安全系数的特点在于，将安全系数与零件的可靠度要求直接联系起来，在确定安全系数取值范围的同时，也明确了安全系数范围内零件的可靠度。

2.2 可靠度计算

2.2.1 已知应力和强度均为正态分布是可靠度计算

当应力和强度均为正态分布时的可靠度计算只需要使用连接方程，就可以求得可靠性系数 Z_R，然后根据标准正态分布表求出可靠度。

当应力和强度均为正态分布时，它们的概率密度函数可以用下列公式表达。

$$f(s) = \frac{1}{\sigma_s\sqrt{2\pi}}\exp\left[-\frac{1}{2}\left(\frac{s - \mu_s}{\sigma_s}\right)^2\right]$$

$$g(\delta)=\frac{1}{\sigma_s\sqrt{2\pi}}\exp\left[-\frac{1}{2}\left(\frac{\delta-\mu_\delta}{\sigma_\delta}\right)^2\right]$$

式中，μ_s，μ_δ 及 σ_s，σ_δ 分别为应力 s 和强度 δ 的均值和标准差。

令 $y=\delta-s$，则根据正态分布的加法定理可知，随机变量 $y(-\infty<y<+\infty)$ 也是正态分布的，且其均值和标准差分别为

$$\mu_y=\mu_\sigma-\mu_s$$

$$\sigma_y=\sqrt{\sigma_\delta^2+\sigma_s^2}$$

故随机变量 $y(-\infty<y<+\infty)$ 的概率密度函数为

$$h(y)=\frac{1}{\sigma_s\sqrt{2\pi}}\exp\left[-\frac{1}{2}\left(\frac{y-\mu_y}{\sigma_y}\right)^2\right]\quad(-\infty<y<+\infty)$$

当 $\sigma>s$ 时，产品可靠，其可靠度 R 为

$$R=P(y>0)=\int_0^\infty\frac{1}{\sigma_y\sqrt{2\pi}}\exp\left[-\frac{1}{2}\left(\frac{y-\mu_y}{\sigma_y}\right)^2\right]\mathrm{d}y$$

$$Z=\frac{y-\mu_y}{\sigma_y}$$

则 $\mathrm{d}y=\sigma_y\mathrm{d}Z$，当 $y=0$ 时，Z 的下限为

$$Z=\frac{0-\mu_y}{\sigma_y}=-\frac{\mu_\sigma-\mu_s}{\sqrt{\sigma_\delta^2+\sigma_s^2}}$$

当 $y\to+\infty$ 时的 Z 上限也是 $+\infty$，得到

$$R=\frac{1}{\sqrt{2\pi}}\int_{-\frac{\mu_y}{\sigma_y}}^{\infty}\exp\left[-\frac{Z^2}{2}\right]\mathrm{d}Z$$

显然，随机变量也是标准正态分布的，上式所表达的可靠度R则可通过查阅标准正态分布函数求得，并可以用下式表达：

$$R=1-\varphi\left[-\frac{\mu_\delta-\mu_s}{\sqrt{\sigma_\delta^2+\sigma_s^2}}\right]=\varphi\left[\frac{\mu_\delta-\mu_s}{\sqrt{\sigma_\delta^2+\sigma_s^2}}\right]=\varphi(Z_R)$$

由于标准正态分布的对称性，因此

$$R=-\frac{1}{\sqrt{2\pi}}\int_{-\infty}^{Z_R}\exp\left[-\frac{Z^2}{2}\right]\mathrm{d}Z$$

通过以上各式，就可以从标准正态分布表用Z_R求得可靠度R，也可以用给定的R求得Z_R。

以下进一步讨论应力-强度干涉模型中的几种情况。

（1）当$\mu_\sigma>\mu_s$时，失效概率F<50%，当$\mu_\sigma-\mu_s$为常数，$\sigma_\delta^2+\sigma_s^2$越大，则$F$就越大。

（2）当$\mu_\sigma=\mu_s$时，因$\mu_\sigma-\mu_s=0$，所以失效概率F=50%，且与σ_δ^2，σ_s^2无关。

（3）当$\mu_\sigma>\mu_s$时，这时，$F>50\%$。很明显，在实际工程设计中，（2）与（3）的情况是绝不允许出现的。一般情况下，应根据实际情况确定一个合理的可靠度，即允许存在一定的干涉。为了减少两者的干涉，则应提高零件的强度，减少它们的标准差，从而提高其可靠度。

例2-2 已知某机械零件的工作应力和材料强度均为正态分布，其工作应力的均值$\mu_s=350\text{MPa}$，标准差$\sigma_s=18\text{MPa}$，而材料强度的均值$\mu_\delta=420\text{MPa}$，标准差$\sigma_s=18\text{MPa}$。试求出该零件的可靠度。

解 利用连接方程计算该零件的连接系数Z_R：

$$Z_R=\frac{\mu_\delta-\mu_s}{\sqrt{\sigma_\delta^2+\sigma_s^2}}=\frac{420-350}{\sqrt{18^2+18^2}}=2.75$$

根据 $Z_R=2.75$，利用标准正态分布表查得

$$R=\varphi\left(Z_R\right)=\varphi\left(2.75\right)=0.997$$

该零件的可靠度为99.7%。

2.2.2　应力和强度均为对数的正态分布时的可靠度计算

当 X 为一随机变量，且 $\ln X$ 服从正态分布，即 $\ln X\sim N\left(\mu_{\ln X},\sigma_{\ln X}^2\right)$，则该分布为对数正态分布。这里 $\mu_{\ln X}$ 和 $\sigma_{\ln X}$ 为该分布的“对数均值”和“对数标准差”。现应力 s 和强度 δ 均为对数正态分布，故有

应力分布：　　　　　$\ln s\sim N\left(\mu_{\ln s},\delta_{\ln s}\right)$

强度分布：　　　　　$\ln\delta\sim N\left(\mu_{\ln\delta},\mu_{\ln\delta}\right)$

而 $y=\ln\delta-\ln s$，y 为正态分布，其均值 μ_y 和 σ_y 分别为

$$\mu_y=\mu_{\ln\delta}-\mu_{\ln s}$$

$$\sigma_y=\sqrt{\sigma_{\ln\delta}^2+\sigma_{\ln s}^2}$$

同样，可得随机变量 y 的概率密度函数和可靠度的表达式，其连接方程为

$$Z=-\frac{\mu_y}{\sigma_y}=-\frac{\mu_{\ln\delta}-\mu_{\ln s}}{\sqrt{\sigma_{\ln\delta}^2+\sigma_{\ln s}^2}}\tag{2-2-1}$$

$$R=1-\varphi\left(Z\right)=1-\varphi\left[-\frac{\mu_{\ln\delta}-\mu_{\ln s}}{\sqrt{\sigma_{\ln\delta}^2+\sigma_{\ln s}^2}}\right]=\varphi\left[\frac{\mu_{\ln\delta}-\mu_{\ln s}}{\sqrt{\sigma_{\ln\delta}^2+\sigma_{\ln s}^2}}\right]$$

式中，$\mu_{\ln\delta}$，$\mu_{\ln s}$ 以及 $\delta_{\ln\delta}$，$\delta_{\ln s}$ 可通过对数正态分布的数学特征方程求得。

例2–3 已知某机械零件的应力和强度均服从指数正态分布，其均值和标准差分别为

$$\mu_s = 60\text{MPa}，\ \sigma_s = 10\text{MPa}$$

$$\mu_\delta = 100\text{MPa}，\ \sigma_\delta = 10\text{MPa}$$

试求该零件的可靠度。

解 按指数正态分布的数学特征方程，计算指数正态分布的均值与标准差：

$$\sigma_{\ln s}^2 = \ln\left[\left(\frac{\sigma_s}{\mu_s}\right)^2 + 1\right] = \ln\left[\left(\frac{10}{60}\right)^2 + 1\right] = 0.0274$$

$$\mu_{\ln s} = \ln\mu_s - \frac{1}{2}\sigma_{\ln s}^2 = \ln 60 - \frac{1}{2}\times 0.0274 = 4.0806$$

$$\sigma_{\ln\delta}^2 = \ln\left[\left(\frac{\sigma_\delta}{\mu_\delta}\right)^2 + 1\right] = \ln\left[\left(\frac{10}{100}\right)^2 + 1\right] = 0.009\,95$$

$$\mu_{\ln\delta}^2 = \ln\mu_\delta - \frac{1}{2}\sigma_{\ln\delta}^2 = \ln 100 - \frac{1}{2}\times 0.009\,95 = 4.6002$$

代入式（2–2–1），得

$$Z = \frac{4.6002 - 4.0806}{\sqrt{0.0274 + 0.009\,95}} = \frac{0.5196}{0.193\,26} = 2.6886$$

因为 $R = \varphi(Z_R) = \varphi(2.6886) = 0.9964$，所以该零件的可靠度为99.64%。

2.2.3 应力和强度均为指数分布式的可靠度计算

应力和强度均为指数分布时，它们的概率函数为

$$f(s)=\lambda_s e^{-\lambda_s \cdot s} \quad 0 \leqslant s < \infty$$

$$\delta(\delta)=\lambda_\delta e^{-\lambda_\delta \cdot \delta} \quad 0 \leqslant \delta < \infty$$

由于

$$R=P(\delta>s)=\int_0^{\infty} f(s)\int_s^{\infty} g(\delta)\mathrm{d}\delta\mathrm{d}s=\int_0^{\infty}\lambda_s e^{\lambda_s \cdot s}\left[e^{-\lambda_\delta \cdot \delta}\right]\mathrm{d}s$$

$$=\frac{\lambda_\delta}{\lambda_\delta+\lambda_s}$$

对于指数分布，$E(s)=\mu_s=\dfrac{1}{\lambda_s}$； $E(\delta)=\mu_\delta=\dfrac{1}{\lambda_\delta}$。

则可靠度：

$$R=\frac{\mu_\delta}{\mu_\delta+\mu_s}$$

式中，μ_s 为应力的均值，μ_δ 为强度的均值。

2.2.4 应力为指数（正态）分布而强度为正态（指数）分布时的可靠度计算

当应力 s 为指数分布时，其概率密度函数为

$$f(s)=\lambda_s e^{-\lambda_s \cdot s} \quad 0 \leqslant s < \infty$$

这时，$\mu_s = \dfrac{1}{\lambda_s}$，$\sigma_s = \dfrac{1}{\lambda_s}$。

而强度 δ 为正态分布，其概率密度函数为

$$g(\delta) = \frac{1}{\sigma_\delta \sqrt{2\pi}} \exp\left[-\frac{1}{2}\left(\frac{\delta - \mu_\delta}{\sigma_\delta}\right)\right] \quad -\infty < \delta < \infty$$

因为指数分布只有正值，且 $s < \delta$，故有

$$R = \int_0^{\infty} g(\delta) \int_0^{\delta} f(s) \mathrm{d}s \mathrm{d}\delta$$

其中，

$$\int_0^{\delta} f(s) \mathrm{d}s = \lambda_s \mathrm{e}^{-\lambda_s s} \mathrm{d}s = -\mathrm{e}^{-\lambda_s s} \Big|_0^{\delta} = 1 - \mathrm{e}^{-\lambda_s \delta}$$

因此

$$R = \int_0^{\infty} \frac{1}{\sigma_\delta \sqrt{2\pi}} \exp\left[-\frac{1}{2}\left(\frac{\delta - \mu_\delta}{\sigma_\delta}\right)^2\right] \left(1 - \mathrm{e}^{-\lambda_s \delta}\right) \mathrm{d}\delta$$

令

$$A = \frac{1}{\sigma_\delta \sqrt{2\pi}} \int_0^{\infty} \exp\left[-\frac{1}{2}\left(\frac{\delta - \mu_\delta}{\sigma_\delta}\right)^2\right] \mathrm{d}\delta \qquad (2\text{-}2\text{-}2)$$

并设 $Z = \dfrac{\delta - \mu_\delta}{\sigma_\delta}$，则 $\sigma_\delta \mathrm{d}Z = \mathrm{d}\delta$，当 $\delta = 0$ 时，Z 的下限为 $Z = \dfrac{0 - \mu_\delta}{\sigma_\delta} = -\dfrac{\mu_\delta}{\sigma_\delta}$，代入式（2-2-2）。因为 Z 是标准正态分布，所以上式可写为

$$A=\frac{1}{\sqrt{2\pi}}\int_{-\frac{\mu_\delta}{\sigma_\delta}}^{\infty}\exp\left[-\frac{Z^2}{2}\right]\mathrm{d}Z=1-\varphi(Z)=1-\varphi\left(\frac{\mu_\delta}{\sigma_\delta}\right)$$

并令

$$B=\frac{1}{\sigma_\delta\sqrt{2\pi}}\int_0^{\infty}\exp\left[-\frac{1}{2}\left(\frac{\delta-\mu_\delta}{\sigma_\delta}\right)^2\right]\mathrm{e}^{-\lambda_s\delta}\mathrm{d}\delta \tag{2-2-3}$$

$$=\frac{1}{\sigma_\delta\sqrt{2\pi}}\int_0^{\infty}\exp\left[-\frac{1}{2\delta_\delta^2}\left(\delta-\mu_\delta+\lambda_s\sigma_\delta^2\right)^2+2\mu_\delta\sigma_\delta^2-\lambda_s^2\sigma_\delta^4\right]\mathrm{d}\delta$$

设 $t=\frac{\delta-\mu_\delta+\lambda_s\sigma_\delta^2}{\sigma_s}$，则 $\sigma_\delta\mathrm{d}t=\mathrm{d}\delta$，当 $\delta=0$ 时 t 的下限为 $t=-\frac{-\left(\mu_\delta-\lambda_s\sigma_\delta^2\right)}{\sigma_s}$，代入式（2-2-3）。

$$B=\frac{1}{2\sqrt{\pi}}\cdot\int_{-\frac{\mu_\delta-\lambda_s\sigma_\delta^2}{\sigma_\delta}}^{\infty}\exp\left(-\frac{t^2}{2}\right)\exp\left[-\frac{1}{2}\left(2\mu_\delta\lambda_s-\lambda_s^2\sigma_\delta^2\right)\right]\mathrm{d}t$$

$$=\left[1-\varphi\left(-\frac{\mu_\delta-\lambda_s\sigma_\delta^2}{\sigma_\delta}\right)\right]\cdot\exp\left[-\frac{1}{2}\left(2\mu_\delta\lambda_s-\lambda_s^2\sigma_\delta^2\right)\right]$$

所以零件的可靠度为

$$R=\left[1-\varphi\left(-\frac{\mu_\delta}{\sigma_\delta}\right)\right]-\left[\varphi\left(-\frac{\mu_\delta-\lambda_s\sigma_\delta^2}{\sigma_\delta}\right)^2\right]\cdot\exp\left[-\frac{1}{2}\left(2\mu_\delta\lambda_s-\lambda_s^2\sigma_\delta^2\right)\right] \tag{2-2-4}$$

同理，当强度为指数分布而应力为正态分布时，也可用同样的方法去推演，得到的可靠度为

$$R=\left[1-\varphi\left(-\frac{\mu_\delta-\lambda_s\sigma_\delta^2}{\sigma_\delta}\right)\right]\cdot\exp\left[-\frac{1}{2}\left(2\mu_\delta\lambda_s-\lambda_s^2\sigma_\delta^2\right)\right]$$

例2–4 某机械零件，其强度为正态分布，它的均值 $\mu_\delta = 200\text{MPa}$，标准差 $\sigma_\delta = 20\text{MPa}$；而工作应力服从指数分布，其均值 $\mu_s = 100\text{MPa}$，试计算该零件的可靠度。

解 根据工作应力 s 为指数分布，其强度 δ 为正态分布的情况，可用式（2–2–4）计算可靠度。但其中的 $\lambda_s = \dfrac{1}{\mu_s} = \dfrac{1}{100}$，所以

$$R = 1-\varphi\left(-\frac{200}{20}\right)-\left\{1-\varphi\left[-\frac{200-\left(\frac{20}{100}\right)^2}{20}\right]\right\}\cdot\exp\left\{-\frac{1}{2}\left[2\times200\times\frac{1}{100}-\left(\frac{20}{100}\right)^2\right]\right\}$$

$$=1-0-(1-0)\exp(-1.98)$$

$$=0.86194$$

所以，该零件的可靠度为86.194%。

2.2.5 应力和强度都为威布尔分布时的可靠度计算

当应力和强度都为威布尔分布时，它们的概率密度函数分别为

$$f(s) = \frac{m_s}{\theta_s - s_0}\left(\frac{s-s_0}{\theta_s - s_0}\right)^{m_s-1}\cdot\exp\left[-\left(\frac{s-s_0}{\theta_s-s_0}\right)^{m_s}\right]\quad s_0 \leqslant s < \infty$$

$$g(\delta) = \frac{m_\delta}{\theta_\delta - \delta_0}\left(\frac{\delta-\delta_0}{\theta_\delta - \delta_0}\right)^{m_\delta-1}\cdot\exp\left[-\left(\frac{\delta-\delta_0}{\theta_\delta-\delta_0}\right)^{m_\delta}\right]\quad \delta_0 \leqslant \delta < \infty$$

设 $\eta_s = \theta_s - s_0$，$\eta_\delta = \theta_\delta - \delta_0$，则

$$f(s)=\frac{m_s}{\eta_s}\left(\frac{s-s_0}{\eta_s}\right)^{m_s-1}\cdot\exp\left[-\left(\frac{s-s_0}{\eta_s}\right)^{m_s}\right]\quad s_0\leqslant s<\infty$$

$$g(\delta)=\frac{m_\delta}{\eta_\delta}\left(\frac{\delta-\delta_0}{\eta_\delta}\right)^{m_\delta-1}\cdot\exp\left[-\left(\frac{\delta-\delta_0}{\eta_\delta}\right)^{m_\delta}\right]\quad \delta_0\leqslant\delta<\infty$$

推算可得

$$F=P(s\geqslant\delta)=\int_{-\infty}^{+\infty}\left[1-f_s(\delta)\right]g(\delta)\mathrm{d}\delta$$

$$=\int_{\delta_0}^{\infty}\exp\left[-\left(\frac{\delta-s_0}{\eta_\delta}\right)^{m_s}\right]\frac{m_s}{\eta_\delta}\left(\frac{\delta-\delta_0}{\eta_s}\right)^{m_s-1}\cdot\exp\left[-\left(\frac{\delta-\delta_0}{\eta_\delta}\right)^{m_s}\right]\mathrm{d}\delta$$

令 $y=\left(\frac{\delta-\delta_0}{\eta_\delta}\right)^{m_s}$，则 $\mathrm{d}y=\frac{m_\delta}{\mu_\delta}\left(\frac{\delta-\delta_0}{\eta_\delta}\right)^{m_\delta-1}\mathrm{d}\delta$，$\delta=y^{\frac{1}{m_s}}\eta_\delta+\delta_0$

所以 $F=P(s\geqslant\delta)=\int_0^{\infty}\exp\left\{-y-\left[\frac{\eta_\delta}{\eta_s}y^{\frac{1}{m_s}}+\frac{\delta_0-s_0}{\eta_s}\right]^{m_s}\right\}\mathrm{d}y$

而 $R=1-F$。

2.3　机械系统可靠性设计

2.3.1　系统的可靠性框图

系统可靠性的第一步是建立系统的可靠性框图。可靠性框图是用图形来描述系统内各元件之间的逻辑任务关系，而要建立系统可靠性框图，首先要对系统内各元件功能有透彻的了解。一个系统可能有上千个部件，有的重要，有的不重要。因此，在建立可靠性框图时常要做一些假设，忽略次要因素，或把一些部件组合成一个子系统，以达到简化并且抓住主要矛盾的目的。

例如，由两个阀门及一根导管所组成的简单系统，其结构框图如图2–1所示。如果要把这一简单系统画成可靠性框图，就需要展开进一步考虑。因为阀门元件的失效为两态（即关不上和打不开），再加上正常工作状态，共为三态，它不像某些零件只有成功和失败两种状态。通常把三态以上的零件（或系统）称为多态元件（或系统）。对于具有多态元件的系统，其可靠性逻辑框图的确定应首先考虑确定系统的功能，对于不同的功能要求，其系统的可靠性框图是不一样的。

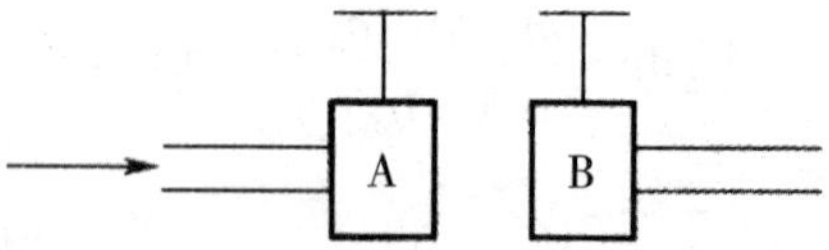

图2–1　管子阀门系统结构框图

对于如图2–1所示的简单系统，如果要求该系统能可靠地流通，则阀门A、B打不开是失效状态，而开启状态是属于正常工作范畴的，应算作正常工作状态。阀门A、B必须同时处于正常工作状态才能使系统正常工作，其系统的可靠性框图为串联关系，如图2–2所示。

对于如图2–1所示的简单系统，如果要求该系统能可靠地截流，则阀门A、B关不上是失效状态，而截流状态是正常工作状态，阀门A、B只要有一个能截流就能使系统正常工作。其可靠性逻辑框图是并联关系，如图2–3所示。

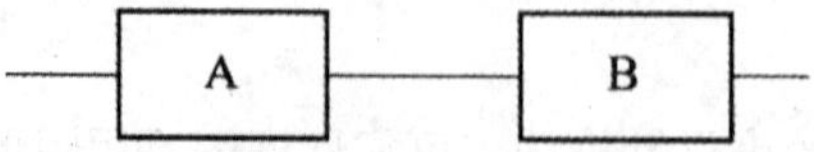

图2–2　系统通流时的可靠性框图

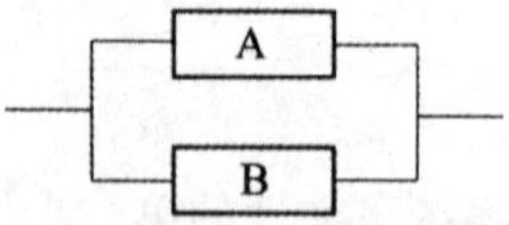

图2–3　系统截流时的可靠性框图

2.3.2　系统可靠性模型

系统及其单元之间的可靠性逻辑关系和数量关系是通过系统可靠性模型来反映的，它是系统可靠性预测和分配的前提。这种逻辑关系除了用功能逻辑框图表示外，还可以用物理方法和数字方法加以描述，以便准确计算出它的可靠度，这就是系统的可靠性模型。

系统的可靠性模型主要包括串联系统、并联系统、混联系统、表决系统、贮备系统等可靠性模型，以下将选取其中的几种并针对具体模型进行分析与讨论。

2.3.2.1　并联系统的可靠性模型

组成系统的所有单元都失效时才会导致系统失效的系统称为并联系统。或者说，只要有一个单元正常工作时，系统就能正常工作的系统称为并联系统。由 n 个单元组成的并联系统的可靠性框图如图2-4所示。

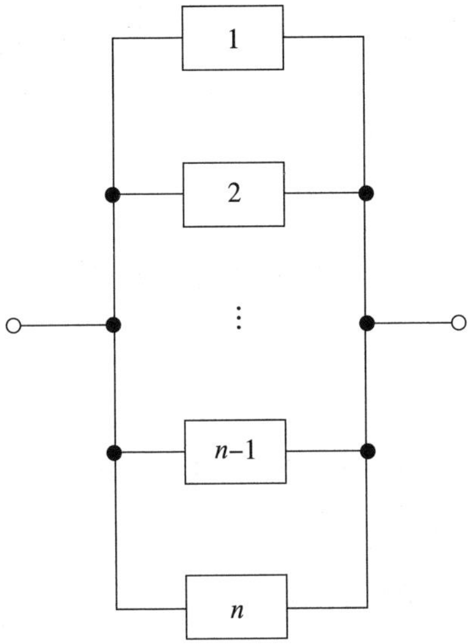

图2-4　并联系统可靠性框图

设并联系统失效时间随机变量为t，系统中第i个单元失效时间随机变量为t_i，则对于由n个单元所组成的并联系统的失效概率为

$$F_s(t)=P\left[(t_1\leqslant t)\cap(t_2\leqslant t)\cap\cdots\cap(t_n\leqslant t)\right]$$

这就是说，在并联系统中，只有在每个单元的失效时间都达不到系统所要求的工作时间时，系统才失效。因此，系统的失效概率就是单元全部同时失效的概率。设各单元的失效时间随机变量互为独立，则根据概率乘法定理得

$$F_s(t)=P(t_1\leqslant t)P(t_2\leqslant t)\cdots P(t_i\leqslant t)\cdots P(t_n\leqslant t)$$

式中，$P(t_i\leqslant t)$为第i个单元的失效概率，即

$$P(t_i\leqslant t)=F_i(t)=1-R_i(t)$$

因此

$$F_s(t)=\left[1-R_1(t)\right]\left[1-R_2(t)\right]\cdots\left[1-R_n(t)\right]=\prod_{i=1}^{n}\left[1-R_i(t)\right]$$

并联系统的可靠度为

$$R_s(t)=1-F_s(t)=1-\prod_{i=1}^{n}\left[1-R_i(t)\right] \qquad (2\text{-}3\text{-}1)$$

或简写成

$$R_s=1-F_s=1-\prod_{i=1}^{n}(1-R_i)$$

当$R_1=R_2=\cdots=R_n=R$时，则

$$R_s=1-(1-R)^n$$

表2–1为当单元取不同 R 值及 n=2，3，4时的系统可靠度 R_s 值。由表可知，R_s 随着并联系统单元数 n 的增多及单元可靠度 R 的增大，系统可靠度将迅速增大，在提高单元的可靠度受到限制的情况下（由于技术上不可能或成本过高），采用低可靠度的单元并联，即可提高系统的可靠度。不过这时系统结构复杂了。

表2–1　并联系统可靠度 R_s 与单元 R 及单元数 n 的关系

n	R_s				
	$R=0.6$	$R=0.7$	$R=0.8$	$R=0.9$	$R=0.95$
2	0.8400	0.9100	0.9600	0.9900	0.997 500 00
3	0.9360	0.9730	0.9920	0.9990	0.999 875 00
4	0.9744	0.9919	0.0084	0.9999	0.999 993 75

在机械系统中，实际上应用较多的是 $n=2$ 的情况。如果单元的寿命服从参数为 $\lambda_i\left(i=1,2\right)$ 的指数分布，即 $R_i\left(t\right)=\mathrm{e}^{-\lambda_i t}$。则由式（2–3–1）确定的系统的可靠度为

$$\begin{aligned} R_s &= 1-\prod_{i=1}^{2}\left(1-\mathrm{e}^{-\lambda_i t}\right)=1-\left(1-R_1\right)\left(1-R_2\right) \\ &= R_1+R_2-R_1R_2=\mathrm{e}^{-\lambda_1 t}+\mathrm{e}^{-\lambda_2 t}-\mathrm{e}^{-\left(\lambda_1+\lambda_2\right)t} \end{aligned} \tag{2–3–2}$$

系统的平均寿命为

$$T_s=\int_0^{\infty}R\left(t\right)\mathrm{d}t=\int_0^{\infty}R_s\mathrm{d}t=\int_0^{\infty}\left(\mathrm{e}^{-\lambda_1 t}+\mathrm{e}^{-\lambda_2 t}-\mathrm{e}^{-\left(\lambda_1+\lambda_2\right)t}\right)\mathrm{d}t=\frac{1}{\lambda_1}+\frac{1}{\lambda_2}-\frac{1}{\lambda_1+\lambda_2} \tag{2–3–3}$$

系统的失效率为

$$\lambda_s\left(t\right)=\frac{f_s\left(t\right)}{R_s\left(t\right)}=-\frac{1}{R_s\left(t\right)}\cdot\frac{\mathrm{d}R_s\left(t\right)}{\mathrm{d}t}=\frac{\lambda_1\mathrm{e}^{-\lambda_1 t}+\lambda_2\mathrm{e}^{-\lambda_2 t}-\left(\lambda_1+\lambda_2\right)\mathrm{e}^{-\left(\lambda_1+\lambda_2\right)t}}{\mathrm{e}^{-\lambda_1 t}+\mathrm{e}^{-\lambda_2 t}-\mathrm{e}^{-\left(\lambda_1+\lambda_2\right)t}} \tag{2–3–4}$$

如果各单元的失效率相同，均为λ，则$n=2$，系统可靠度、平均寿命及失效率分别为

$$R_s=1-\prod_{i=1}^{2}\left(1-e^{-\lambda_i t}\right)=1-\left(1-R_1\right)\left(1-R_2\right)=1-\left(1-e^{-\lambda t}\right)^2$$

$$T_s=\int_0^{\infty}R(t)dt=\int_0^{\infty}R_s dt=\frac{2}{\lambda}+\frac{1}{2\lambda}=\frac{1}{\lambda}+\frac{1}{2\lambda}$$

$$\lambda_s(t)=\frac{f_s(t)}{R_s(t)}=-\frac{1}{R_s(t)}\cdot\frac{dR_s(t)}{dt}=2\lambda\frac{1-e^{-\lambda t}}{2-e^{-\lambda t}}$$

对于n个单元，则系统可靠度、平均寿命、失效率分别为

$$R_s=1-\prod_{i=1}^{n}\left(1-e^{-\lambda_i t}\right)=1-\left(1-e^{-\lambda t}\right)^n$$

$$T_s=\frac{1}{\lambda}+\frac{1}{2\lambda}+\cdots+\frac{1}{n\lambda}$$

$$\lambda_s(t)=\frac{f_s(t)}{R_s(t)}=-\frac{1}{R_s(t)}\cdot\frac{dR_s(t)}{dt}=n\lambda\frac{\left(1-e^{-\lambda t}\right)^{n-1}e^{-\lambda t}}{1-\left(1-e^{-\lambda t}\right)^n}$$

例2–5 已知某并联系统由两个服从指数分布的单元组成，两个单元的失效率分别为$\lambda_1=0.0005h^{-1}$，$\lambda_2=0.0001h^{-1}$，工作时间$t=1000h$，试求系统的可靠度、失效率和平均寿命。

解 根据式（2–3–2），系统工作时间$t=1000h$时的可靠度为

$$R_s(1000)=e^{-\lambda_1 t}+e^{-\lambda_2 t}-e^{-(\lambda_1+\lambda_2)t}=e^{-0.0005\times1000}+e^{-0.0001\times1000}-e^{-(0.0005+0.0001)\times1000}=0.9625$$

根据式（2–3–4），系统工作时间$t=1000h$时的失效率为

$$\begin{aligned}\lambda_s(t)&=\frac{\lambda_1 e^{-\lambda_1 t}+\lambda_2 e^{-\lambda_2 t}-(\lambda_1+\lambda_2)e^{-(\lambda_1+\lambda_2)t}}{e^{-\lambda_1 t}+e^{-\lambda_2 t}-e^{-(\lambda_1+\lambda_2)t}}\\&=\frac{0.0005\times e^{-0.0005\times1000}+0.0001\times e^{-0.0001\times1000}-(0.0005+0.0001)\times e^{-(0.0005+0.0001)\times1000}}{e^{-0.0005\times1000}+e^{-0.0001\times1000}-e^{-(0.0005+0.0001)\times1000}}\\&=6.696\times10^{-5}\left(h^{-1}\right)\end{aligned}$$

根据式（2–3–3），系统的平均寿命为

$$T_s=\frac{1}{\lambda_1}+\frac{1}{\lambda_2}-\frac{1}{\lambda_1+\lambda_2}=\frac{1}{0.0005}+\frac{1}{0.0001}-\frac{1}{0.0005+0.0001}=10\,333.33(\mathrm{h})$$

因此，该系统的1000h可靠度为0.9625，失效率为$6.696\times10^{-5}\mathrm{h}^{-1}$，平均寿命为10 333.3h。

2.3.2.2　表决系统的可靠性模型

表决系统是一种冗余方式，在工程实践中得到广泛应用。例如，装有三台发动机的喷气式飞机，只要有两台发动机正常即可保证安全飞行和降落。在数字电路和计算机线路中，表决线路用得很多，这是因为数字线路中比较容易实现表决逻辑的缘故。如图2–5所示为n个单元组成的表决系统逻辑框图，其系统的特征是组成系统的n个单元中，至少k个单元正常工作，系统才能正常工作，大于$(n-k)$个单元失败，系统就失效，这样的系统称为k/n表决系统。

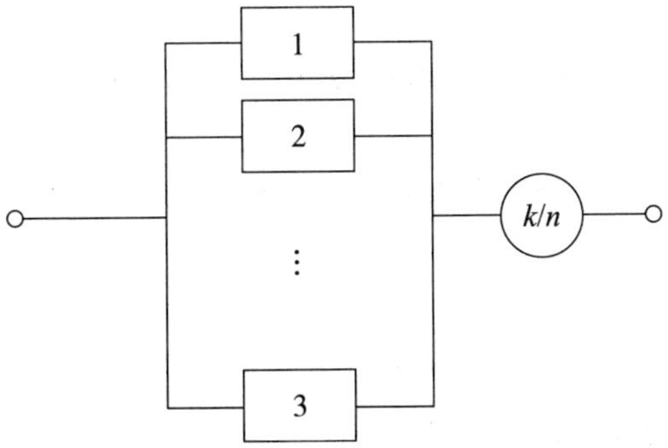

图2–5　表决系统逻辑框图

机械系统中常见的是3中取2表决系统，记为2/3系统。系统由3个单元并联，但要求系统中不能出现多于一个单元失效的情况，系统逻辑图如图2–6（a）所示，其等效逻辑图如图2–6（b）所示。

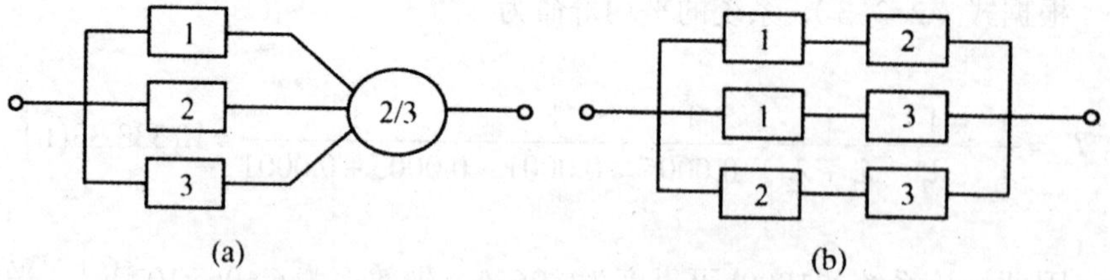

图2-6 2/3表决系统逻辑框图及其等效框图

如果组成系统的每个单元是同种类型，失效概率为q，正常工作概率为p。每个单元都只有两种状态，即$p+q=1$，且单元正常工作与否相互独立，因此，系统有4种正常工作状态，即①全部单元都没有失效；②只有第一个单元失效；③只有第二个单元失效；④只有第三个单元失效。

如果单元的可靠度分别为R_1、R_2、R_3，按概率乘法定理及加法定理求得系统的可靠度：

$$R_s = R_1R_2R_3 + (1-R_1)R_2R_3 + R_1(1-R_2)R_3 + R_1R_2(1-R_3)$$

当各单元相同时，即$R_1 = R_2 = R_3 = R$，则

$$R_s = R^3 + 3(1-R)R^2 = 3R^2 - 2R^3$$

如果各单元的寿命分布为指数分布，即

$$R = \mathrm{e}^{-\lambda t}$$

则系统的平均寿命为

$$T_s = \int_0^{\infty} R_s \mathrm{d}t = \int_0^{\infty}\left(3\mathrm{e}^{-2\lambda t} - 2\mathrm{e}^{-3\lambda t}\right)\mathrm{d}t = \frac{3}{2\lambda} - \frac{2}{3\lambda} = \frac{5}{6\lambda}$$

如果系统为k/n表决系统，每个单元可靠度为$R(t)$，失效概率为$F(t)$，且各单元是否正常工作和相互独立，因此，k/n系统的失效概率服从二项

分布，系统可靠度为

$$R_s(t)=\sum_{i=k}^{n}C_n^i\left[R(t)\right]^i\left[F(t)\right]^{n-i}$$

如果各单元寿命均服从指数分布，则有

$$R_s(t)=\sum_{i=k}^{n}C_n^i\mathrm{e}^{-i\lambda t}\left[1-\mathrm{e}^{-\lambda t}\right]^{n-i}$$

系统的平均寿命为

$$T_s=\int_0^{\infty}R_s\mathrm{d}t=\sum_{i=k}^{n}\frac{1}{i\lambda}=\frac{1}{k\lambda}+\frac{1}{(k+1)\lambda}+\frac{1}{(k+2)\lambda}+\cdots+\frac{1}{n\lambda}$$

2.3.2.3　贮备系统的可靠性模型

如果并联系统中只有一个单元工作，其他单元储备，当工作单元失效时，立即能由储备单元逐个地去接替，直到所有单元均发生故障，系统才失效，这种系统称为贮备系统，其逻辑图如图2–7所示。

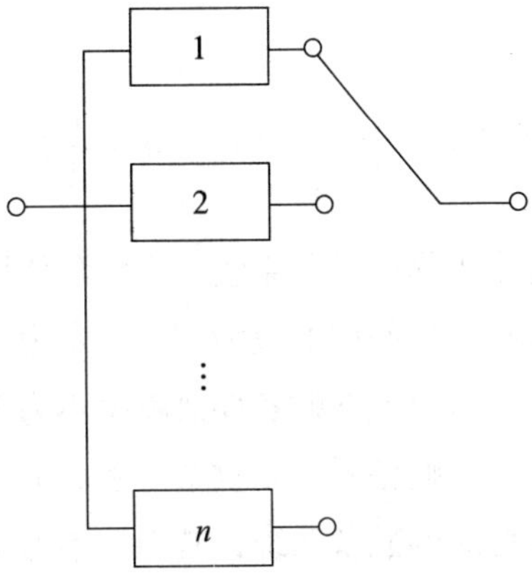

图2–7　贮备系统逻辑图

贮备系统是很常见的，如飞机的正常放起落架和应急放起落架系统、车辆的正常刹车与应急刹车、备用轮胎等。

（1）贮备单元完全可靠的贮备系统。由n个单元组成的贮备系统，如果不考虑监测及转换装置可靠度对系统的影响，则在给定的时间内，只要失效单元数不多于$n-1$个，系统就不会失效。设单元寿命服从指数分布，其失效率$\lambda_1(t)=\lambda_2(t)=\cdots=\lambda_n(t)=\lambda$，则贮备系统的可靠度可用泊松分布的求和公式来计算。

$$R_s(t)=\mathrm{e}^{-\lambda t}\left[1+\lambda t+\frac{(\lambda t)^2}{2!}+\frac{(\lambda t)^3}{3}+\cdots+\frac{(\lambda t)^{n-1}}{(n-1)}\right]$$

如果$n=2$，则系统可靠度为

$$R_s(t)=\mathrm{e}^{-\lambda t}(1+\lambda t)$$

系统的失效率为

$$\lambda_s(t)=-\frac{1}{R_s}\cdot\frac{\mathrm{d}R_s}{\mathrm{d}t}=\frac{\lambda^2 t}{1+\lambda t}$$

储备系统的平均寿命为

$$T_s=\int_0^{\infty}R_s\mathrm{d}t=\int_0^{\infty}\mathrm{e}^{-\lambda t}(1+\lambda t)\mathrm{d}t=\frac{1}{\lambda}+\frac{1}{\lambda}=\frac{2}{\lambda}$$

（2）贮备单元不完全可靠的贮备系统。在实际使用中，贮备单元由于受到环境因素的影响，在贮备期间内的故障率不一定为零，当然这种故障率比工作故障率要小得多。贮备单元在贮备期故障率不为零的贮备系统比贮备单元在贮备期间故障率为零的贮备系统要复杂得多。下面仅讨论由两个单元组成的在贮备期内不完全可靠的贮备系统，其中一个为工作单元，另一个为贮备单元，两单元相互独立，且贮备单元进行工作状态后的寿命与其经过的贮备期长短无关。

假设转换装置完全可靠，两单元的工作寿命均服从指数分布，故障率分别为λ_1、λ_2，第二个单元的贮备寿命服从参数为μ的指数分布。当工作单元1失效时，贮备单元2已失效，表明贮备无效，系统失效；当工作单元1失效，贮备单元2未失效，贮备单元即代替工作单元1工作，直到贮备单元2失效，系统才失效。可以求出系统的可靠度为

$$R(t)=\mathrm{e}^{-\lambda_1 t}+\frac{\lambda_1}{\lambda_1+\mu-\lambda_2}\left(\mathrm{e}^{-\lambda_2 t}-\mathrm{e}^{-(\lambda_1+\mu)t}\right)$$

系统的平均寿命为

$$T_s=\frac{1}{\lambda_1}+\frac{\lambda_1}{\lambda_1+\mu-\lambda_2}\left(\frac{1}{\lambda_2}+\frac{1}{\lambda_1+\mu}\right)=\frac{1}{\lambda_1}+\frac{1}{\lambda_2}\left(\frac{\lambda_1}{\lambda_1+\mu}\right)$$

如果$\lambda_1=\lambda_2=\lambda$，则系统的可靠度和平均寿命分别为

$$R(t)=\mathrm{e}^{-\lambda t}+\frac{\lambda}{\mu}\left(\mathrm{e}^{-\lambda t}-\mathrm{e}^{-(\lambda+\mu)t}\right)$$

$$T_s=\frac{1}{\lambda}+\frac{1}{\lambda+\mu}$$

当$\mu=0$时，系统即为两个单元组成的贮备单元在贮备期完全可靠的贮备系统。当$\mu=\lambda_2$时，系统即为两个单元的并联系统。

2.4　机械零部件可靠性设计

根据可靠性设计原理，工程师完全可以有意识地、合理地分配可靠性指标。工程师按各个零部件的重要程度和具体要求，提出不同的可靠性要求。

在工程上通常根据零部件的重要程度，可靠度分为6个等级，见表2-2所列。0级为不重要的零部件，其故障发生的后果是不严重的，对于这种零部件，可靠度要求比较低；1级至4级为可靠度要求较高的零部件；5级则为很高可靠度的零部件。

表2-2　产品的可靠度等级

可靠度等级	0	1	2	3	4	5
可靠度 $R(t)$	<0.9	≥0.9	≥0.99	≥0.999	≥0.9999	≥0.999 99

考虑到故障所产生的后果严重的程度也常将故障后果作为判别标准来确定可靠度，见表2-3所列，这是一种较粗略的分类方法和允许的可靠度估计值，也可作为参考。

表2-3　可靠度粗糙的分类方法和允许的可靠度估计值

<table>
<tr><th colspan="2">故障后果</th><th>允许可靠度</th><th>机器类别</th></tr>
<tr><td>灾难性</td><td>失事
事故
完不成任务</td><td>$R(t) \geq 0.999\,99 \sim 1.0$</td><td>飞行器、军事装备、化工设备、医疗器械、起重机械等</td></tr>
<tr><td rowspan="2">经济性</td><td>修理停歇时间增加</td><td>损失重大时，$R(t) \geq 0.99$</td><td rowspan="2">工艺设备、农业机械、家用生活机械</td></tr>
<tr><td>降低工况，输出参数恶化</td><td>损失不大时，$R(t) \geq 0.9$</td></tr>
<tr><td colspan="2">无后果（修理费用在规定的标准范围）</td><td>$R(t) < 0.9$</td><td>机器中的一般零部件</td></tr>
</table>

当机械系统可靠性指标确定以后，各个零部件的可靠性指标就可以按设计的要求进行合理的分配。这时作零部件的可靠性设计，能否达到产品所要求的可靠度指标，不仅取决于设计模型和方法，还决定于设计时使用的统计数据是否准确。必要时还应辅以必要的实验测定，特别是对那些要求高精度可靠性设计的零部件更应注意这一问题。

下面对几种典型的机械零部件结构进行可靠性设计的分析与讨论。

2.4.1　螺栓连接的可靠性设计

螺栓连接的可靠性设计就是考虑螺栓承受载荷、材料强度、螺栓危险截面直径的概率分布，一般在给定目标可靠性和两个参数分布情况下，可求第三个参数分布，或者给定各参数分布求解连接的可靠性。

2.4.1.1　受轴向静拉伸载荷螺栓连接的可靠性设计

受轴向静拉伸载荷的螺栓连接方式可分为两种类型，即一种是松连接螺栓，如图2-8（a）所示，它只受轴向静拉伸而没有预紧力，也常称为拉杆连接；另一种是法兰连接，如图2-8（b）所示，它既受预紧力作用又承受轴向外力的作用。

（a）

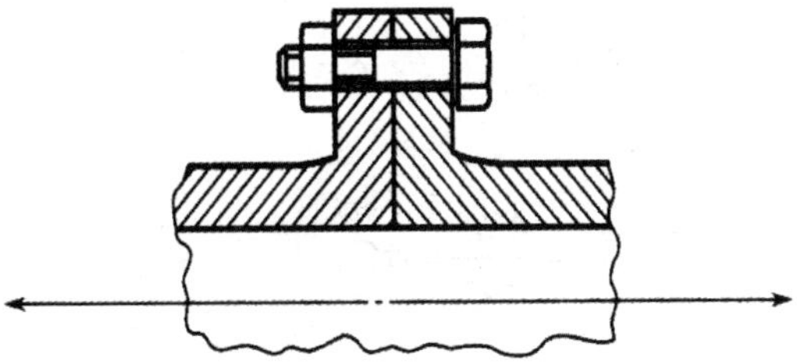

（b）

图2-8　受轴向静拉伸载荷的螺栓连接方式

这里主要介绍松连接螺栓的可靠性设计。这类只承受轴向静拉伸而无预紧力的松连接螺栓，假设其轴向拉力引起的拉应力沿螺栓横截面均匀分布，其失效模式为螺纹部分的塑性变形和断裂。

其可靠性设计的准则如式（2-4-1）所示：

$$P(\sigma_b - y > 0) \geqslant R(t) \tag{2-4-1}$$

因此，可靠性设计主要是在已知轴向静拉伸载荷、螺栓材质和应达到的可靠性指标条件下计算确定螺栓的直径与公差，并在此基础上求取可靠度对螺栓几何尺寸变化的敏感度。

设该螺栓连接方式在工作中仅受拉力 F 作用，则常规设计中计算螺纹直径的强度条件为

$$\sigma = \frac{4F}{\pi d_c^2} \leqslant [\sigma]$$

式中，σ 为螺栓承受的拉应力（MPa）。$[\sigma]$ 为螺栓材料的许用应力（MPa）。d_c 为螺栓抗拉危险截面直径（mm），一般情况下取螺纹内径。

进行可靠性设计时，式中的 F 、d_c 均为相互独立的随机变量，可视为服从正态分布。因此，当其变异系数不大时，应力也近似为正态分布，其应力均值和拉力标准差分别为

$$\bar{\sigma} = \frac{4\bar{F}}{\pi d_c^2} \tag{2-4-2}$$

$$S_F = \frac{4SF}{\pi d_c^2} = \bar{\sigma} C_\sigma \tag{2-4-3}$$

$$C_\sigma = \sqrt{C_F^2 + C_d^2} \tag{2-4-4}$$

式中，S_F 为拉力标准差，一般 $S_F = 0.2F/3$ 。C_d 为螺栓直径 d_c 的变异系数。C_F 为静载拉力　的变异系数。

因螺栓拉应力和抗拉强度均为正态分布，故其可靠性系数可按式（2-4-5）求得

$$u_R = \frac{\bar{\sigma}_x - \bar{\sigma}}{\sqrt{S_{\sigma_x}{}^2 + S_\sigma^2}} \tag{2-4-5}$$

由式（2-4-5）变换，可得

$$u_R^{\,2}\left(S_{\sigma_x}^{\;2}+S_{\sigma}^{\;2}\right)=\overline{\sigma}_y^2-2\overline{\sigma}_y\overline{\delta}+\overline{\sigma}^2$$

将式（2-4-2）和式（2-4-4）代入式（2-4-5），整理得

$$\left(u_R^{\,2}S_{\sigma_x}^{\;2}-\overline{\sigma}_x^{\;2}\right)d_c^{\,4}+2\left(\frac{4}{\pi}\overline{\sigma}_x\overline{F}\right)d_c^{\,2}+\left(\frac{4}{\pi}\right)^2\left(u_R^{\,2}S_F^{\;2}-\overline{F}^2\right)=0$$

将上式简化为标准一元二次方程 $Ad_c^{\,4}-Bd_c^{\,2}+C=0$。

式中，

$$\begin{cases}A=u_R^{\,2}S_{\sigma_x}^{\;2}-\overline{\sigma}_x^{\;2}=\sigma_x^{\,2}\left(u_R^{\,2}C\sigma_x^{\,2}-1\right)\\B=-\dfrac{8}{\pi}\overline{\sigma}_x\overline{F}\\C=\left(\dfrac{4}{\pi}\right)^2\left(u_R^{\,2}S_F^{\;2}\right)=\left(\dfrac{4}{\pi}\overline{F}\right)^2\left(u_R^{\,2}C_F^{\;2}-1\right)\end{cases}\tag{2-4-6}$$

解式（2-4-6），可求得螺栓危险截面的当量直径。

$$d_c=\left[\frac{B\pm\sqrt{B^2-4AC}}{2A}\right]^{\frac{1}{2}}\tag{2-4-7}$$

通常螺栓材料强度的分布也近似于正态分布，其强度均值与变异系数估算值见表2-4所列。

表2-4 螺栓材料强度均值及变异系数的估算值

强度	强度极限			屈服极限			
级别[注]	最小值/MPa	均值/MPa	变异系数	最小值/MPa	均值/MPa	变异系数	推荐材料
4.6 4.8	400	475	0.053	240 320	272.5 387.5	0.060 0.074	20 10
5.6 5.8	500	600	0.055	300 400	341.5 483.7	0.052 0.074	30，35 20，Q235
6.6 6.9	600	700	0.048	360 540	408.8 580.0	0.051 0.074	35，45，40Mn
8.8	800	900	0.037	640	774.9	0.075	35，35Cr，45Mn
10.9 12.9	1000 1200	1100 1300	0.030 0. 026	900 1080	1008.0 1382.0	0.077 0.094	40Mn2，40Cr， 30CrMnSiA 30CrMnSiA
注：强度级别数字整数位数字的100倍是强度极限最小值，小数位数字与强度极限值的乘积是屈服极限值							

例2-6 一松连接螺栓M12，不考虑螺栓的制造公差。螺栓材料为Q275，车制。受拉力F=20kN，试求其可靠度。

解 （1）求螺栓应力的均值、标准差。

螺纹车制，取危险截面直径$d_c = d_1$。查手册M12粗牙普通螺纹的小径$d_1 = 10.106\text{nm}$，代入式（2-4-2），得螺栓应力均值：

$$\bar{\sigma} = \frac{4\bar{F}}{\pi d_c^2} = \frac{4\times 20000}{\pi\times 10.106^2} = 249.334\left(\text{N/mm}^2\right)$$

取拉力标准差$S_F = 0.2\bar{F}/3$，代入式（2-4-3），计算拉力标准差：

$$S_F = \frac{4S\bar{F}}{\pi d_c^2} = \frac{4\times 0.2\bar{F}}{\pi d_1^2\times 3} = \frac{0.8\times 20000}{3\pi\times 10.106^2} = 16.622\left(\text{N/mm}^2\right)$$

（2）确定其强度均值及标准差。

螺栓材料Q275的强度均值$\bar{\sigma}_x = 275\text{N/mm}^2$，查表可得标准差$C_{\sigma_x} = 0.06$，

则其标准差为

$$S_F = \overline{\sigma}_x C_\sigma = 275 \times 0.06 = 16.5\left(\text{N/mm}^2\right)$$

（3）求可靠度。

由式（2–4–5）求可靠度系数：

$$u_R = \frac{\overline{\sigma}_x - \overline{\sigma}}{\sqrt{S_{\sigma_x}{}^2 + S_\sigma^2}} = \frac{275 - 249.334}{\sqrt{16.5^2 + 16.622^2}} = 1.095\,86$$

查正态分布表可知 $R = 0.8635$ 。

例2–7 已知作用于松连接螺栓上的轴向拉力 F 近于正态分布，其均值和标准差 $\left(\overline{F}、S_F\right) = (30.2)\text{kN}$ ，要求可靠度 $R = 0.995$ ，试设计该螺栓。

解 （1）选材料，确定强度的均值及标准差。

由表2–3选取螺栓强度为4.8级，材料为Q275，屈服强度均值 $\overline{\sigma}_s = 387.5\text{N/mm}^2$ ，变异系数 $C_{\sigma_x} = 0.074$ ，则标准差：

$$S_{\sigma_x} = C_{\sigma_x}\overline{\sigma}_x = 0.074 \times 387.5 = 28.7\left(\text{N/mm}^2\right)$$

（2）求螺栓危险截面当量直径。

查正态分布表可知 $u_R = 2.575$ 。由式（2–4–6）得

$$A = \sigma_x{}^2\left(u_R{}^2 C\sigma_x{}^2 - 1\right) = 387.5^2 \times \left(2.575^2 \times 0.074^2 - 1\right) = -144\,704.18$$

$$B = -\frac{8}{\pi}\overline{\sigma}_x\overline{F} = -\frac{8}{\pi} \times 387.5 \times 30\,000 = -29\,602\,819.42$$

$$C = \left(\frac{4}{\pi}\right)^2\left(u_R{}^2 S_F{}^2 - \overline{F}^2\right) = \left(\frac{4}{\pi}\right)^2 \times \left(2.575^2 \times 2000^2 - 30\,000^2\right) = -1\,416\,028\,387$$

将A、B、C代入式（2–4–7），即得

$$d_c = \left[\frac{B \pm \sqrt{B^2 - 4AC}}{2A}\right]^{\frac{1}{2}} \approx 11.327(\text{mm})$$

（3）确定螺栓尺寸。

采用滚压螺栓，则大径：

$$d = d_c + 0.72P = 11.327 + 0.27 \times 2 = 12.767(\text{mm})$$

取粗牙普通标准螺纹 $M14 \times 2$，其实际可靠度 $R > 0.995$，可用。

2.4.1.2 受轴向变载荷紧螺栓连接的可靠性设计

受轴向变载荷的紧螺栓连接（如内燃机汽缸盖螺栓连接等），除按静强度计算外，还应校核其疲劳强度。受变载荷的紧螺栓连接的主要失效形式是螺栓的疲劳断裂。而产生疲劳断裂的危险部位则是几个应力集中的区域，如图2-9所示。因此，对这些部位应校核其疲劳强度。

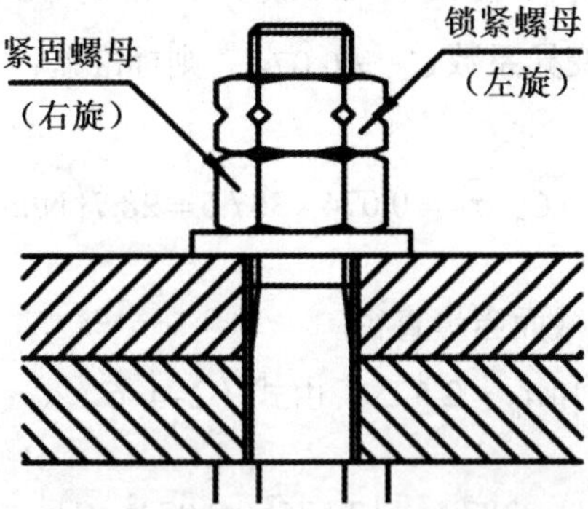

图2-9 螺栓上疲劳危险部位

螺栓连接的疲劳试验证明，螺栓的疲劳寿命服从对数正态分布。螺栓的疲劳极限应力幅值可用式（2-4-8）确定：

$$\sigma_{a\lim} = \frac{\sigma_{-1\lim} \cdot \varepsilon_\sigma \cdot \beta \cdot \gamma}{k_\sigma} \tag{2-4-8}$$

式中，$\sigma_{-1\lim}$ 为光滑试件的拉伸疲劳极限，常用材料见表2-5所列。ε_σ 为尺寸系数，见表2-6所列。β 为螺纹牙受力不均匀系数，可取为1.5 ~ 1.6。γ 为制造工艺系数，对于钢制滚压螺纹取1.2 ~ 1.3，对于切削螺纹取1.0。k_σ 为有效应力集中系数，见表2-7所列。

表2-5　常用螺栓材料的疲劳极限

材 料	抗拉强度	屈服强度	疲劳极限均值 / MPa	
	σ_b / MPa	σ_s / MPa	$\overline{\sigma}_{-1}$	$\overline{\sigma}_{-1\lim}$
10	340 ~ 420	210	160 ~ 200	120 ~ 150
Q235	410 ~ 470	240	170 ~ 220	120 ~ 160
35	540	320	220 ~ 300	170 ~ 220
45	610	360	250 ~ 340	190 ~ 250
40Cr	750 ~ 1000	650 ~ 900	320 ~ 440	240 ~ 340

表2-6　尺寸系数 ε_σ

d / mm	<12	16	20	24	30	36	42	48	56	64
ε_σ	1.0	0.87	0.80	0.74	0.65	0.64	0.60	0.57	0.54	0.53

表2-7　有效应力集中系数 k_σ

σ_b / MPa	400	600	800	1000
k_σ	3	3.9	4.8	5.2

如图2-10所示，当工作拉力在 $0 \sim F$ 之间变化时，螺栓所受的总拉力将在 $F_0 \sim F_2$ 之间变化。计算螺栓连接的疲劳强度时，主要考虑轴向力引起的拉伸变应力。在轴向变载荷作用下，由于预紧力而产生的扭转实际上完全消失，螺杆不再受扭矩作用，因此，可以不考虑扭转剪应力。螺栓危险截面的最大拉应力为

$$\sigma_{\max} = \frac{F_2}{\frac{\pi}{4}d_1^2}$$

最小拉应力（注意：此时螺栓中的应力变化规律是$\sigma_{\min}$保持不变）为

$$\sigma_{\min} = \frac{F_0}{\frac{\pi}{4}d_1^2}$$

应力幅为

$$\sigma_a = \frac{\sigma_{\max} - \sigma_{\min}}{2} = \frac{C_b}{C_b + C_m} \cdot \frac{2F}{\pi d_1^2}$$

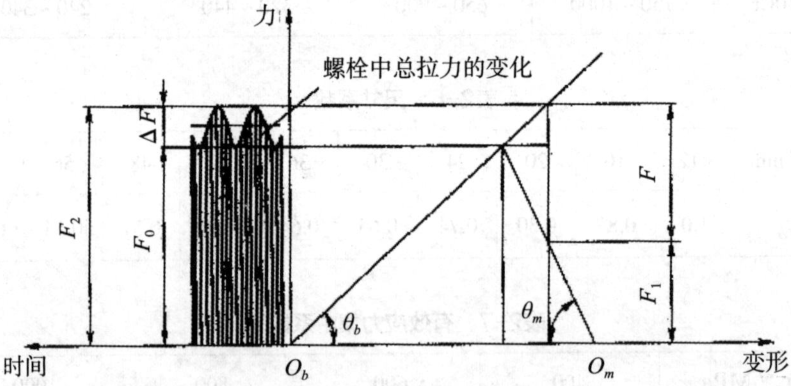

图2-10　承受轴向变载荷的紧螺栓连接

2.4.1.3　受剪切载荷螺栓连接的可靠性设计

如图2-11所示，受剪螺栓连接是利用铰制孔用螺栓抗剪切来承受载荷F的。螺栓杆与孔壁之间无间隙，接触表面受挤压；在连接接合面处，螺栓杆受剪切。

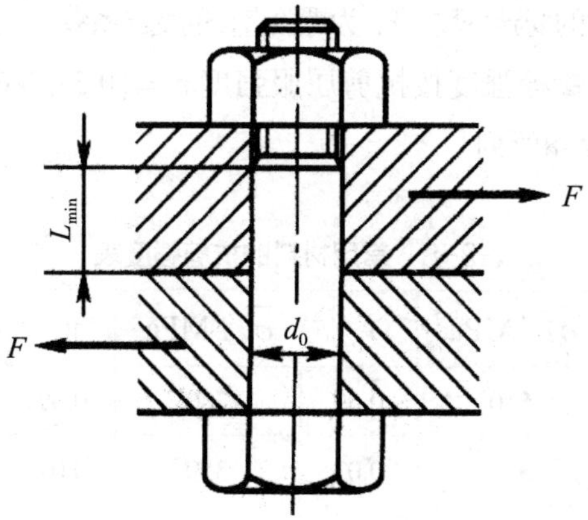

图2-11　铰制孔用螺栓

受剪螺栓连接的设计，通常不计预紧力和被连接件之间摩擦力的影响。其失效模式为被连接件接合面处的螺杆被剪断或螺杆部分与被连接件孔壁间的挤压损伤。这时设计变量均被认为是服从正态分布的随机变量。可靠性设计的主要步骤如下。

（1）螺栓受剪切失效。单个螺杆上所受的切应力为

$$\tau = \frac{F}{\frac{\pi}{4} d_0^2 n} \leqslant [\tau]$$

式中，τ 为切应力（MPa）。F 为螺栓连接承受的剪力（N）。d_0 为螺杆直径（mm）。n 为螺栓数。

作为分布参量，切应力的均值为

$$\bar{\tau} = \frac{\bar{F}}{\frac{\pi}{4} \bar{d}_0^2 n}$$

变异系数：

$$v_\tau = \frac{\sigma_\tau}{\bar{\tau}} = \sqrt{v_F^2 + \left(2 v_{d_0}\right)^2}$$

式中，v_F 为剪力的变异系数。v_{d_0} 为螺栓直径的变异系数，一般 $v_{d_0} \approx 0.002\text{mm} \sim 0.00075\text{mm}$ 。受剪螺栓强度按抗剪屈服强度 $\tau_s = (0.5 \sim 0.6)\sigma_s$ 。其常用材料的相关强度值见表2-8所列。

表2-8　常用材料的抗剪强度表

材 料	热处理	$\overline{\sigma}_b$ / MPa	v_{σ_b}	$\overline{\sigma}_s$ / MPa	v_{σ_s}	$\overline{\tau}_s$ / MPa	v_{τ_s}
Q235		510	0.09	280	0.09	140	0.09
34	正火	590	0.07	350	0.07	175	0.07
45	正火	670	0.07	400	0.07	200	0.07
40Cr	调质 HB200	830	0.05	570	0.05	285	0.05
40CrNi	调质 HB240	930	0.06	740	0.06	370	0.06

根据切应力的强度分布和应力分布可建立连接方程，得到相应的连接系数和可靠度。

（2）螺栓受挤压失效。

①确定挤压应力分布。设挤压力沿螺杆与孔壁的挤压表面均匀分布。故对于细杆直径为 d_0 ，螺杆与孔壁挤压面的最小高度为 $L_{\min}$ ，挤压载荷为 F ，则挤压应力为

$$\delta_P = \frac{F}{d_0 L_{\min}} \leqslant \left[\sigma_p\right]$$

若 $L_{\min}$ 视为常量时，则挤压应力的均值为

$$\overline{\delta}_P = \frac{\overline{F}}{\overline{d}_0 L_{\min}}$$

用矩法计算其标准差 σ_{δ_p} 为

$$\sigma_{\delta_p}=\sqrt{\left(\frac{\partial\bar{\delta}_p}{\partial\bar{F}}\right)^2\cdot\sigma_F^2+\left(\frac{\partial\bar{\delta}_p}{\partial\bar{d}_0}\right)^2\cdot\sigma_{d_0}^2}=\sqrt{\left(\frac{1}{\bar{d}_0L_{\min}}\right)^2\cdot\sigma_F^2+\left(\frac{\bar{F}}{\bar{d}_0^2L_{\min}}\right)^2\cdot\sigma_{d_0}^2}$$

$$=\frac{\bar{F}}{\bar{d}_0L_{\min}}\sqrt{\left(\frac{\sigma_F}{\bar{F}}\right)^2+\left(\frac{\sigma_{d_0}}{\bar{d}_0}\right)^2}=\bar{\delta}_p\cdot\sqrt{v_F^2+v_{d_0}^2}$$

挤压应力的变异系数为

$$v_{\delta_p}=\frac{\sigma_{\delta_p}}{\bar{\delta}_p}=\sqrt{v_F^2+v_{d_0}^2}$$

若取 $L_{\min}=kd_0$，则挤压应力的均值为

$$\bar{\delta}_p=\frac{\bar{F}}{k\bar{d}_0^2}$$

用矩法计算其标准差：

$$\sigma_{\delta_p}=\sqrt{\left(\frac{\partial\bar{\delta}_p}{\partial\bar{F}}\right)\cdot\sigma_F^2+\left(\frac{\partial\bar{\delta}_p}{\partial\bar{d}_0^2}\right)^2\cdot\sigma_{d_0^2}^2}=\frac{1}{k}\sqrt{\frac{\bar{F}^2\sigma_{d_0^2}^2+\left(\bar{d}_0^2\right)^2\sigma_F^2}{\left(\bar{d}_0^2\right)^4}}$$

式中，$\bar{d}_0^2$、$\sigma_{d_0^2}$ 为 d_0^2 的均值和标准差，$\sigma_{d_0^2}=2\bar{d}_0\sigma_{d_0}$。

②选择螺栓及被连接件材料。当被连接件材料的强度较低时，被连接件孔壁被挤压破坏的情况往往是主要失效模式。

若被连接件为灰铸铁HT25–47，则其强度极限 $\sigma_b=248\text{MPa}$。由经验公式，对于铸件，挤压强度极限 $\bar{S}_P=0.5\sigma_b=0.5\times245=122.5(\text{MPa})$，标准差 $\sigma_{S_p}=0.08\bar{S}_p=0.08\times122.5=9.8(\text{MPa})$。对于塑性材料，挤压强度极限的均值和标准差则要根据屈服极限 σ_s 来换算。

③用连接方程求螺栓直径/ d_0 或可靠度。取 $L_{\min}=kd_0$，计算结果表明：当尺寸 $L_{\min}<0.75d_0$ 时，按挤压强度计算出的螺栓直径大于按剪切强度计算的

螺栓直径。因此，为使螺栓连接的挤压强度不致太低，应使 $L_{\min} > 0.75d_0$，即应取 $k > 0.75$。

2.4.2 轴的可靠性设计

轴按所受的载荷分为心轴（只承受弯矩）、传动轴（只承受扭矩）、转轴（同时承受弯矩和扭矩）。轴的可靠性设计是考虑载荷、强度条件、轴径尺寸的概率分布，在给定目标可靠性和两个参数分布情况下，可求第三个参数分布；或者给定各参数分布求解轴的可靠性。下面以心轴和传动轴为例，讨论可靠性设计的内容。

2.4.2.1 心轴可靠性设计

心轴只受弯矩作用，不受扭矩作用，应按弯曲强度进行设计。

设心轴承受的弯矩为 $\left(\overline{M}, S_M\right)$，抗弯截面模量为 W，则弯曲应力为

$$\left(\overline{\sigma}, S_\sigma\right) = \frac{\left(\overline{M}, S_M\right)}{W}$$

式中，S_σ 为弯曲应力 σ 的标准差。S_M 为弯矩 M 的标准差。

对于实心圆截面轴，有

$$W = \frac{\pi}{32} d^3$$

对于空心圆截面轴，有

$$W = \frac{\pi}{32} d^3 \left[1 - \left(\frac{d_0}{d}\right)^4\right]$$

式中，d 为轴的外直径（mm）。d_0 为空心轴的内径（mm）。

转动心轴，其应力一般为对称循环变化；固定心轴，其应力循环特性 $0 \leqslant r \leqslant 1$，视具体的受力情况而异。设计时，若缺少具体的实测数据，可近似地认为应力服从正态分布。

例2-8 某车轴，如图2-12所示，两端各受载荷 $\overline{F}=110\text{kN}$，标准差 $S_F=6.5\text{kN}$，车轴材料35钢，抗拉强度 $\sigma_b=540\text{MPa}$，疲劳极限 $\sigma_{-1}=235\text{MPa}$。试计算剖面*A*–*A*的疲劳强度可靠度。

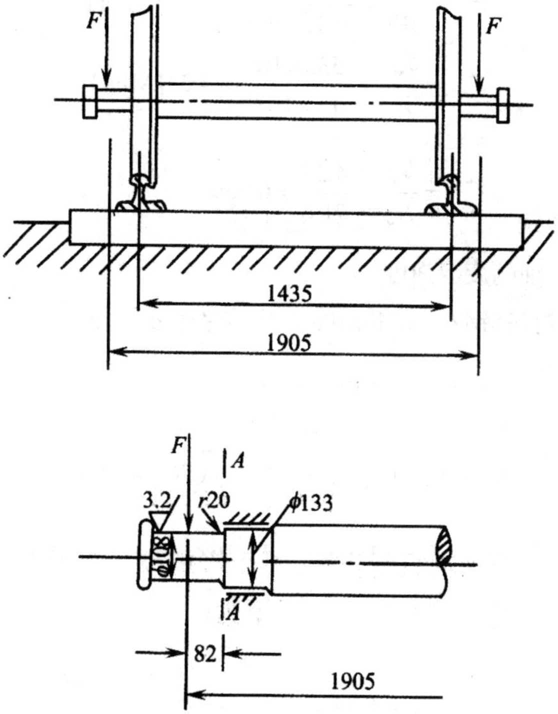

图2-12 车轴受力示意图

解 由图2-12可知，车轴转动时，载荷 F 的大小及方向不变，因此，车轴的应力是对称循环变化的，循环特性 $r=-1$。这是典型的转动心轴。

（1）计算剖面A–A的工作应力。

①剖面A–A处的弯矩：

$$\overline{M}_A = \overline{F} \times 82 = 110 \times 82 = 9020(\mathrm{kN \cdot mm})$$
$$S_{M_A} = S_F \times 82 = 6.5 \times 82 = 533(\mathrm{kN \cdot mm})$$

②弯曲应力：

$$\overline{\sigma}_a = \frac{\overline{M}_A}{W} = \frac{9020 \times 10^3}{0.1 \times 108^3} = 71.6(\mathrm{MPa})$$
$$S_{\sigma_a} = \frac{S_{M_A}}{W} = \frac{533 \times 10^3}{0.1 \times 108^3} = 4.23(\mathrm{MPa})$$

$$C_{\sigma_a} = \frac{S_{\sigma_a}}{\overline{\sigma}_a} = \frac{4.23}{71.6} = 0.059$$

（2）计算车轴的疲劳强度。

已知车轴材料35钢$\sigma_b = 540\mathrm{MPa}$，疲劳极限$\sigma_{-1} = 235\mathrm{MPa}$。从《金属材料手册》可查得

$$C_1 = 0.02, C_{\sigma_b} = \sqrt{0.02^2 + 0.076^2} = 0.078$$

有效应力集中系数：$D = 133\mathrm{mm}$，$d = 108\mathrm{mm}$，$r = 20\mathrm{mm}$，$r/d = 1.23$，从《金属材料手册》可查得

$$\overline{K}_a = 1.34\text{，取 } C_{K_\sigma} = 0.057$$

尺寸系数：从《金属材料手册》可查得

$$\overline{\varepsilon}_\sigma = 0.84,\ S_\varepsilon = 0.094,\ C_{\varepsilon_\sigma} = 0.11$$

表面质量系数：车削表面，表面粗糙度为$R_a = 3.2\mu\mathrm{m}$，从《金属材料手

册》查得

$$\overline{\beta}=0.86,S_{\beta}=0.0406,C_{\beta}=\frac{0.0406}{0.86}=0.047$$

疲劳强度的均值为

$$\overline{\sigma}_{-1e}=\frac{\overline{\sigma}_{-1}\overline{\varepsilon}_{\sigma}\overline{\beta}}{\overline{K}_{\sigma}}=\frac{235\times0.84\times0.86}{1.34}=126.68(\mathrm{MPa})$$

变异系数为

$$C_{\sigma_{-1e}}=\sqrt{C_{\sigma_{-1}}^{2}+C_{K_{\sigma}}^{2}+C_{\varepsilon_{\sigma}}^{2}+C_{\beta}^{2}}=\sqrt{0.078^{2}+0.057^{2}+0.11^{2}+0.047^{2}}=0.153$$

标准差为

$$S_{\sigma_{-1e}}=0.153\times126.68=19.38(\mathrm{MPa})$$

（3）计算剖面A–A的可靠度。

将有关数据代入联解方程，得

$$u_{R}=\frac{n-1}{\sqrt{n^{2}C_{x}^{2}C_{y}^{2}}}=\frac{n-1}{\sqrt{n^{2}C_{\sigma_{-1e}}^{2}+C_{\sigma_{a}}^{2}}}=\frac{1.77-1}{\sqrt{1.77^{2}\times0.153^{2}+0.059^{2}}}=2.778\,15$$

查正态分布表，得到可靠度 $R(t)=0.9971$ 。计算表明车轴具有99.71%的可靠度，即1000根车轴中大约有3根达不到要求。

2.4.2.2 传动轴可靠性设计

传动轴只受扭矩影响，不受弯矩影响或弯矩很小，可忽略不计，应按扭转强度进行设计。

设传动轴传递的扭矩为$\left(\bar{T},S_T\right)$，抗扭截面模量为W_T，则扭应力为

$$\left(\bar{\tau},S_\tau\right)=\frac{\left(\bar{T},S_T\right)}{W_T}$$

式中，S_τ为扭应力τ的标准差。S_T为扭矩T的标准差。

对于实心圆剖面轴，有

$$W_T=\frac{\pi}{16}d^3$$

对于空心圆剖面轴，有

$$W_T=\frac{\pi}{16}d^3\left[1-\left(\frac{d_0}{d}\right)^4\right]$$

式中，d为轴的外直径，d_0为空心轴的内径。

例2-9 设计一传动轴，已知所传递的扭矩$T=10^4\,\text{N}\cdot\text{m}\pm2\times10^3\,\text{N}\cdot\text{m}$，材料的强度$\tau_{-1}=230\text{MPa}\pm50\text{MPa}$，要求轴的可靠度为0.999。

解 传动轴的设计准则为

$$P\left(\tau_{-1}>\tau\right)\geqslant R\left(t\right)$$

轴的扭转剪应力为

$$\tau=\frac{T}{W_F}=\frac{16T}{\pi d^3}$$

剪应力的均值为

$$\bar{\tau}=\frac{16\bar{T}}{\pi\bar{d}^3}=\frac{16\times10^7}{3.14\times\bar{d}^3}\approx\frac{5.1\times10^7}{\bar{d}^3}(\text{MPa})$$

剪应力的标准离差为

$$\sigma_{\tau}=\frac{5.1}{\overline{d}^{3}}\left[\frac{\overline{T}^{2}\times\sigma_{d^{3}}^{2}+\left(\overline{d}^{3}\right)^{2}\times\sigma_{T}^{2}}{\left(\overline{d}^{3}\right)^{2}+\left(\sigma_{d^{3}}\right)^{2}}\right]^{\frac{1}{2}}$$

式中，$\sigma_{d^{3}}=3\left(\overline{d}\right)^{2}\sigma_{d}=3\overline{d}^{2}\times0.001\overline{d}=0.003\overline{d}^{3}$。$\sigma_{d}$ 一般可取为轴径公差的1/6，此处取 $\sigma_{d}=0.001\overline{d}$。故

$$\sigma_{\tau}=\frac{5.1}{\overline{d}^{3}}\left[\frac{\left(10^{7}\right)^{2}\times\left(0.003\overline{d}^{3}\right)^{2}+\left(\overline{d}^{3}\right)^{2}\times\left(6.66\times10^{5}\right)^{2}}{\left(\overline{d}^{3}\right)^{2}+\left(0.003\overline{d}^{3}\right)^{2}}\right]^{\frac{1}{2}}=\frac{3.393\times10^{6}}{\overline{d}^{3}}$$

代入连接方程，得

$$-3.09=\frac{230-\left(\frac{5.1\times10^{7}}{\overline{d}^{3}}\right)}{\left[16.7^{2}+\left(\frac{3.393\times10^{6}}{\overline{d}^{3}}\right)^{2}\right]^{\frac{1}{2}}}$$

整理后，得　　$\overline{d}^{3}-466\,588\overline{d}^{3}+4.936\,24\times10^{10}=0$

解上式，得　　$\overline{d}=47.5(\text{mm})$

圆整后，取　　$d=50\text{mm}$。

2.4.3　圆柱螺旋弹簧的可靠性设计

弹簧也是机械产品中的一种基本零部件，应用十分广泛。虽然弹簧的种

类很多，但圆柱螺旋弹簧使用最多，也是最为典型的，因此，下面主要讨论圆柱螺旋弹簧可靠性设计基本方法。

2.4.3.1 圆柱螺旋压缩弹簧的静强度可靠性设计

弹簧的设计基本要求是要在满足强度、弹性特性要求的前提下确定其基本参数，基本失效模式是疲劳破坏和断裂。在圆柱螺旋弹簧的常规设计中需进行设计计算的主要参数如下。

在常规设计中，圆柱螺旋弹簧（钢丝内侧）的最大切应力为

$$\tau = \frac{8KFD}{\pi d^3}$$

弹簧的旋绕比（弹簧指数）为

$$C = \frac{D}{d}$$

曲度系数为

$$K = \frac{4C-1}{4C-4} + \frac{0.615}{C} \tag{2-4-9}$$

弹簧受轴向力后的轴向变形量：

$$\lambda = \frac{8FD^3 n}{Gd^4} = \frac{8FC^3 n}{Gd}$$

弹簧刚度为

$$k = \frac{F}{\lambda} = \frac{Gd^4}{8D^3 n} = \frac{Gd}{8C^3 n}$$

式中，F 为作用在弹簧上的轴向载荷（N）。D 为弹簧的中径（mm）。d 为弹簧钢丝直径（mm）。G 为弹簧材料的弹切弹性换量（MPa）。n 为弹簧的有效圈数。

在圆柱螺旋弹簧的可靠性设计中，应将上述各参数都视为随机变量相互独立，以简化计算。已知各参数分布，可求弹簧的可靠度；或者已知弹簧所受载荷和目标可靠度，可设计弹簧的尺寸，如有效圈数、钢丝直径、弹簧中径等。

（1）确定螺旋弹簧的切应力分布。

切应力的均值为

$$\bar{\tau}=\frac{8\overline{K}\overline{F}\overline{D}}{\pi d^{3}}$$

切应力的变异系数：

$$C_{1}=\frac{\sigma_{1}}{\tau}\left(C_{K}^{2}+C_{F}^{2}+C_{D}^{2}+9C_{d}^{2}\right)^{\frac{1}{2}}$$

式中，C_K^2、C_F^2、C_D^2和C_d^2分别为这些参数的变异系数。

曲度系数$\overline{K}$可按式（2–4–9）计算，标准差σ_K与弹簧指数有关，可根据弹簧的D和d的公差计算，但一般其数值平均可取0.045。

轴向载荷均值$\overline{F}$可取为名义工作载荷值，其标准差也可取为载荷的允许偏差值$\pm\Delta F$的1/3，即$\sigma_F=\Delta F/3$，故$C_F=\Delta F/3\overline{F}$。

弹簧中径均值$\overline{D}$可按弹簧名义直径计算，其标准差σ_D根据弹簧的国家标准中的精度等级要求确定（表2–9）。

表2–9　弹簧中径D及其标准差σ_D

精度等级	标准差	弹簧指数C		变形量公差
		4~8	>8~16	
1	σ_D	$0.0033D$	$0.0050D$	10%
2		$0.0050D$	$0.0066D$	20%
3		$0.0066D$	$0.0100D$	30%

弹簧钢丝直径d的标准差σ_d和变异系数C_d按表2-10确定。

表2-10 弹簧钢丝直径d的标准差σ_d和变异系数C_d

弹簧钢丝直径$d/(\text{mm})$	0.7~1.0	1.2~3.0	3.5~6.0	8.0~12.0
标准差$\sigma_d/(\text{mm})$	0.010	0.010	0.013	0.133
变异系数C_d	0.0140~0.010	0.0080~0.0033	0.0070~0.0020	0.0160~0.0070

弹簧有效圈数n的允许偏差如表2-11所示。

表2-11 弹簧有效圈数的允许偏差

有效圈数n	允许偏差	
	压缩弹簧	拉伸弹簧
≤10	±1/4	±1
10~20	±1/2	±1
20~50	±1	±2

剪切弹性模量G的均值$\overline{G}$、标准差σ_G和变异系数C_G，可根据弹簧材料查手册获得，一般来说，剪切模量与弹簧模量E的变异系数相等，即$C_G = C_E = 0.03$。

（2）选择弹簧材料，确定其强度分布。弹簧材料常用的有冷拔碳素弹簧钢丝，牌号有65、65Mn、70、70Mn等；也有用冷拔合金弹簧钢丝，牌号有60Si2Mn、65Si2MnWA、50CrVA、30W4Cr2VA等；还有用不锈钢丝、磷青铜丝等。其力学性能可在有关手册中查得。

在螺旋弹簧静强度设计中，剪切屈服强度极限就是扭转屈服极限τ_s，一般来说它与抗拉强度间的关系为应用形变理论所得到的关系，设计中常采用

$$\overline{\tau}_s = 0.432\overline{\sigma}_b$$

因此，变异系数C_τ也可取C_{σ_b}。

常用的弹簧钢丝的抗拉强度极限 σ_b 见表2–12所列，设计时可以参考使用。

表2–12　常用弹簧钢丝的抗拉强度极限 σ_b

<table>
<tr><th rowspan="2">钢丝直径
$d/(\mathrm{mm})$</th><th colspan="4">$\sigma_b/(\mathrm{MPa})$</th></tr>
<tr><th>65Mn</th><th>碳素钢</th><th>Cr–V钢</th><th>Cr–Si钢</th></tr>
<tr><td>0.8~1.2</td><td>1800~2150</td><td rowspan="2"></td><td rowspan="2">1600~1800</td><td rowspan="2">1950~2050</td></tr>
<tr><td>1.4~2.2</td><td>1700~2000</td></tr>
<tr><td>2.2~2.5</td><td>1650~1950</td><td rowspan="2">1450~1600</td><td rowspan="2">1600~1750</td><td rowspan="2">1950~2050</td></tr>
<tr><td>2.6~3.4</td><td>1600~1850</td></tr>
<tr><td>3.5~4.0</td><td>1500~1750</td><td>1450~1600</td><td>1550~1700</td><td>1950~2050</td></tr>
<tr><td>4.2~4.5</td><td>1450~1700</td><td>1400~1550</td><td>1550~1700</td><td>1850~2050</td></tr>
<tr><td>4.8~5.0</td><td>1400~1650</td><td>1400~1550</td><td>1500~1650</td><td>1850~2000</td></tr>
<tr><td>5.3~5.5</td><td>1350~1600</td><td></td><td>1500~1650</td><td>1800~1950</td></tr>
<tr><td>6.0~7.0</td><td></td><td></td><td>1450~1600</td><td></td></tr>
<tr><td>8.0</td><td></td><td></td><td>1400~1550</td><td></td></tr>
</table>

一般冷拔碳素弹簧钢丝是经盐浴淬火回火冷拔，在冷卷成弹簧后再低温回火处理，也可将钢丝冷拔到成品尺寸后再油淬回火。表2–12中的碳素钢、Cr–V钢和Cr–Si钢就是经这类处理后的强度值。它的强度值波动范围相对小一些。其平均值可以取这些范围的平均值，对同一捆钢丝抗拉强度的波动范围一般不会超过75MPa，因此，钢丝的标准差 $S_{\sigma_b}=75/3=25(\mathrm{MPa})$。考虑到不同捆钢丝性能的差异，钢丝抗拉强度的变异系数为

$$C_{\tau_S}=\sqrt{C_1^2+C_2^2}$$

式中，$C_1=\dfrac{S_{\sigma_b}}{\sigma_b}$；$C_2=\dfrac{\sigma_{b\max}-\sigma_{b\min}}{6\bar{\sigma}_b}$。

静强度安全系数为

$$n_x = \frac{\bar{\tau}_s}{\bar{\tau}_{\max}} \geqslant [n_x]$$

式中，$[n_x]$为许用安全系数，应在1.3~1.7。

（3）用正态分布的连接方程求解。已知弹簧的强度分布和应力分布参数后，就可以运用连接方程求解其强度的可靠度，即

$$u_s = \frac{n_x - 1}{\sqrt{n_x^2 C_{\tau_x}^2 + C_{\tau_{\max}}^2}}$$

2.4.3.2 圆柱螺旋压缩弹簧的疲劳强度可靠性设计

在工程应用中，许多弹簧是在变载荷条件下工作的，通常当其载荷变化次数大于10^3次时，除进行静载荷和刚度设计计算以外，还应进行疲劳强度计算。

（1）工作应力的均值和标准差。对于变载荷强度计算，通常是考虑外载荷在$F_{\max}$到$F_{\min}$之间做周期变化，弹簧的载荷变化与变形如图2-10所示。

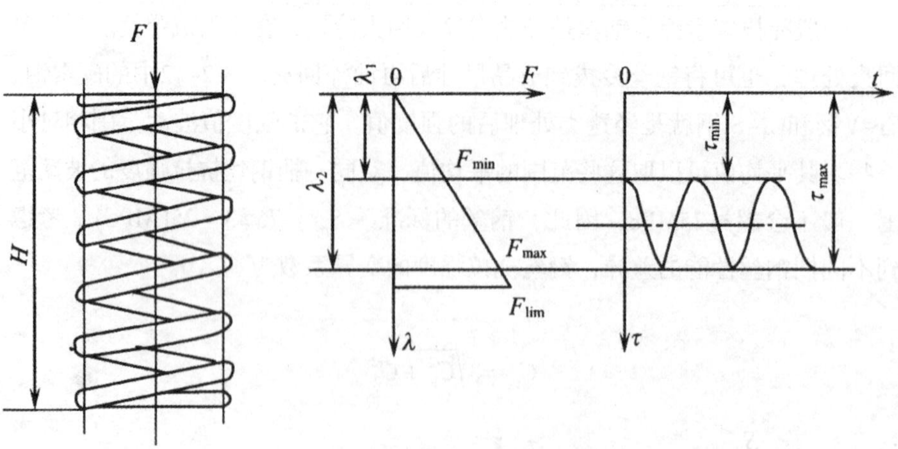

图2-10　弹簧的载荷变换与变形

由图2–10可知，弹簧应力的变化规律是属于最小剪应力为常数的情况。对于弹簧钢丝所承受的应力来说，就是从 F_{min} 载荷的 τ_{min} 到 F_{max} 载荷的 τ_{max} 之间变化。因此，有

均值：

$$\bar{\tau}_{max} = \frac{8\bar{K}\bar{F}_{max}\bar{D}}{\pi\bar{d}^3}$$

$$\bar{\tau}_{min} = \frac{8\bar{K}\bar{F}_{min}\bar{D}}{\pi\bar{d}^3}$$

变异系数：

$$C_{\tau_{max}} = \left(C_k^2 + C_{F_{max}}^2 + C_D^2 + 9C_d^2\right)^{\frac{1}{2}}$$

$$C_{\tau_{min}} = \left(C_k^2 + C_{F_{min}}^2 + C_D^2 + 9C_d^2\right)^{\frac{1}{2}}$$

$\bar{F}_{max}$、$\bar{F}_{min}$ 和 $C_{F_{max}}$、$C_{F_{min}}$ 根据外载荷变化情况决定。

弹簧的 F_{min} 是它的安装载荷，其偏差主要由其几何尺寸 D 和 d 的偏差所决定。根据普通圆柱螺旋弹簧标准，可估计其 F_{min} 的变异系数 $C_{F_{min}}$，见表2–13所列。

表2–13 弹簧的变异系数 $C_{F_{min}}$

精度等级	有效圈数		
	2~4	4~10	>10
2	0.04	0.033	0.026
3	0.06	0.050	0.030

（2）强度极限的均值和标准差。对弹簧而言，应力循环不对称系数 $r = \tau_{min}/\tau_{max}$，在0 ~ 1.0间变化，因此，在计算中要用到 τ_0 和 N 关系曲线和疲劳极限图。常用的螺旋弹簧材料脉动循环疲劳极限 τ_0 与循环次数 N 的关系见表2–14所列。

表2-14 弹簧材料脉动循环疲劳极限 τ_0 与循环次数 N 的关系

载荷循环次数 N	10^4	10^5	10^6	10^7
τ_0	$0.45\sigma_b$	$0.35\sigma_b$	$0.33\sigma_b$	$0.3\sigma_b$

对于经喷丸和强压处理的弹簧，当 $N \geqslant 10^6$ 时，其 τ_0 值还可提高20%；当 $N = 10^4$ 时，可提高10%左右。对于不锈钢和硅青铜制弹簧，当 $N = 10^4$ 时，$\tau_0 = 0.35\sigma_b$。

计算中可以取 $C_{\tau_s} = C_{\sigma_b}$，脉动载荷下疲劳极限的变异系数 C_{τ_0}，如果无相应的试验数据，则可取 $C_{\tau_0} = 0.075$（对经喷丸处理的）；$C_{\tau_0} = 0.096$（对未经喷丸处理的）。

当疲劳极限图采用Goodman直线关系简化后，可得弹簧的极限应力 $\tau_{\lim}$：

$$\tau_{\lim} = \bar{\tau}_0 + \left(\frac{\bar{\tau}_0 - \bar{\tau}_{-1}}{\bar{\tau}_{-1}}\right)\bar{\tau}_{\min}$$

对卷制的压缩弹簧 $\bar{\tau}_{-1} = 0.5\bar{\tau}_0 - 0.6\bar{\tau}_0$，如果其平均值 $\bar{\tau}_{-1} = 0.75\bar{\tau}_0$，则

$$\tau_{\lim} = \bar{\tau}_0 + 0.75\bar{\tau}_{\min}$$

式中，$\bar{\tau}_{\min}$ 为弹簧最小扭应力的均值。

根据 $F_{\min}$ 求得极限应力 $\tau_{\lim}$ 的标准差：

$$\sigma_{\tau_{\lim}} = \left[\sigma_{\tau_0}^2 + \left(0.75\sigma_{\tau_{\min}}\right)^2\right]^{\frac{1}{2}}$$

由此可求得疲劳强度安全系数：

$$n_R = \frac{\bar{\tau}_{\lim}}{\bar{\tau}_{\max}} = \frac{\bar{\tau}_0 + 0.75\bar{\tau}_{\lim}}{\bar{\tau}_{\max}} \geqslant [n_R]$$

当应力和强度都是正态分布时，可用连接方程计算出连接系数：

$$u_R=\frac{n_R-1}{\sqrt{n_R^2C_{\tau_{\min}}^2+C_{\tau_{\max}}^2}}$$

由 u_R 查标准正态分布表，得到相应的可靠度。

例2–10　试计算某气门弹簧的可靠度。已知弹簧铜丝直径 $d=4.5\text{mm}$，弹簧中径 $D=32\text{mm}$，工作圈数 $n=8$，弹簧安装压力 $F_{\min}=200\text{N}$，最大工作压力 $F_{\max}=(425\pm0.15)\text{N}$，弹簧材料为50CrVA，$\sigma_b=1500\sim1800\text{MPa}$，凸轮轴转速为1400r/min，要求工作寿命 $N>10^7$。

解：（1）计算弹簧指数 C 及曲度系数 K。

$$C=\frac{D}{d}=\frac{32}{4.5}=7.11$$

$$K=\frac{4C-1}{4C-4}+\frac{0.615}{C}=\frac{4\times7.11-1}{4\times7.11-4}+\frac{0.615}{7.11}=1.21$$

取 $\sigma_k=0.045$，故 $C_k=\dfrac{0.045}{1.21}=0.037$。

（2）确定弹簧工作应力分布。

$$\bar{\tau}_{\max}=\frac{8\overline{K}\overline{F}_{\max}\overline{D}}{\pi\bar{d}^3}=\frac{8\times1.21\times425\times32}{\pi\times4.5^3}=459.86(\text{MPa})$$

$$\bar{\tau}_{\min}=\frac{8\overline{K}\overline{F}_{\min}\overline{D}}{\pi\bar{d}^3}=\frac{8\times1.21\times200\times32}{\pi\times4.5^3}=216.41(\text{MPa})$$

因为 $F_{\max}$ 值的波动范围为 $\pm0.15F_{\max}$，按“3σ”原则：

$$\sigma_{F_{\max}}=\frac{0.15\times425}{3}=21.25(\text{N})$$

而按精度2级，$n=8$，从表2–13查得，$C_{F_{\min}}$ 为0.033，同时按表2–9和表2–10取 $C_D=0.005$，$C_d=0.003$，故：

$$C_{\tau_{\max}}=\sqrt{C_k^2+C_{F_{\max}}^2+C_D^2+9C_d^2}=\sqrt{0.037^2+0.05^2+0.005^2+9\times0.003^2}=0.063$$

$$C_{\tau_{\min}}=\sqrt{C_k^2+C_{F_{\min}}^2+C_D^2+9C_d^2}=\sqrt{0.037^2+0.033^2+0.005^2+9\times0.003^2}=0.05$$

$$\sigma_{\tau_{\max}}=C_{\tau_{\max}}\bar{\tau}_{\max}=0.063\times459.86=28.97(\text{MPa})$$

$$\sigma_{\tau_{\min}}=C_{\tau_{\min}}\bar{\tau}_{\min}=0.05\times216.41=10.82(\text{MPa})$$

（3）确定弹簧材料的强度分布。按50CrVA的抗拉强度σ_b值，得

$$\bar{\sigma}_b=\frac{\sigma_{b_{\max}}+\sigma_{b_{\min}}}{2}=\frac{1800+1500}{2}=1650(\text{MPa})$$

$$C_{\sigma_b}=\frac{\sigma_{b_{\max}}-\sigma_{b_{\min}}}{6\bar{\sigma}_b}=\frac{1800-1500}{6\times1650}=0.03$$

查表2-14，当$N>10^7$时，取$\bar{\tau}_0=0.3\bar{\sigma}_b=0.3\times1650=495(\text{MPa})$。

而极限切应力为

$$\tau_{\lim}=\bar{\tau}_0+0.75\bar{\tau}_{\min}=495+0.75\times216.41=657.3(\text{MPa})$$

标准差：

$$\begin{aligned}\sigma_{\tau_{\lim}}&=\sqrt{\sigma_{\tau_0}^2+\left(0.75\sigma_{\tau_{\min}}\right)^2}=\sqrt{\left(C_{\tau_0}\bar{\tau}_0\right)^2+\left(0.75\sigma_{\tau_{\min}}\right)^2}\\&=\sqrt{(0.096\times495)^2+(0.75\times10.82)^2}=48.21(\text{MPa})\end{aligned}$$

式中，C_{τ_0}为脉动循环时材料疲劳极限的变异系数，近似取$C_{\tau_0}=0.096$。

故

$$C_{\tau_{\lim}}=\frac{\sigma_{\tau_{\lim}}}{\tau_{\lim}}=\frac{48.21}{657.30}=0.073$$

（4）计算安全系数及可靠度。

$$n_R = \frac{\overline{\tau}_{\lim}}{\overline{\tau}_{\max}} = \frac{657.3}{459.86} = 1.43 > 1.30$$

设强度和应力均为正态分布，故连接系数：

$$u_R = \frac{n_R - 1}{\sqrt{n_R^2 C_{\tau_{\min}}^2 + C_{\tau_{\max}}^2}} = \frac{1.43 - 1}{\sqrt{1.43^2 \times 0.073^2 + 0.063^2}} = 3.527$$

查正态分布表，得 $R(t) = 0.9998$ 。

（5）静强度验算。

因为 $\overline{\tau}_s = 0.432\overline{\sigma}_b = 0.432 \times 1650 = 712.8(\text{MPa})$ ，并取 $C_{\tau_s} \approx C_{\sigma_b} = 0.03$ ，则静强度安全系数为

$$n_x = \frac{\overline{\tau}_s}{\overline{\tau}_{\max}} = \frac{712.8}{495.86} = 1.55 > 1.3$$

计算静强度连接系数：

$$u_s = \frac{n_x - 1}{\sqrt{n_x^2 C_{\tau_x}^2 + C_{\tau_{\max}}^2}} = \frac{1.55 - 1}{\sqrt{1.55^2 \times 0.03^2 + 0.063^2}} = 7.024$$

查正态分布表，得 $R(t) = 1.0$ 。

思 考 题

（1）简述可靠度的一般表达式及安全系数。

（2）简述计算可靠度的几种情况。

（3）已知一拉杆的拉伸载荷$P \sim N(30000,2000^2)$ N，拉杆材料的屈服极限$\sigma_S \sim N(1076,12.2^2)$ MPa，拉杆直径$d \sim N(6.4,0.022)$ mm。试计算此拉杆的可靠度。

（4）基于应力-强度干涉理论的可靠度表达式有哪几种?

第3章 优化设计

优化设计是一种非常重要的现代设计方法，能从众多的设计方案中找出最佳方案，从而大大提高设计的效率和质量。现代工程装备的复杂性使得机械优化设计变得越来越困难，利用新的科学理论探索新的优化设计方法是该研究领域的一个重要方面。

3.1 优化问题的极值条件

无约束优化问题是不存在任何约束条件的优化问题，下式的数学模型可以简化为

$$\begin{cases} \min f\left(\boldsymbol{X}\right) \\ \boldsymbol{X}=\left[x_1 \quad x_2 \quad \cdots \quad x_n\right]^{\mathrm{T}} \in \boldsymbol{R}^n \end{cases}$$

可以看到，无约束优化问题的极值只取决于目标函数本身。而上式的约束优化问题的极值不仅与目标函数的性态有关，而且与各个不同的约束条件密切相关。

3.1.1 无约束优化问题的极值条件

根据高等数学中多元函数的极值存在条件，假设多元函数 $f(\boldsymbol{X})$ 在 $\boldsymbol{X}^*$ 点附近对所有的点 $\boldsymbol{X}$ 都有 $f(\boldsymbol{X})>f(\boldsymbol{X}^*)$，则称点X*为严格极小值点，$f(\boldsymbol{X}^*)$ 为极小值；反之，若 $f(\boldsymbol{X})$ 在 $\boldsymbol{X}^*$ 点附近对所有的点 $\boldsymbol{X}$ 都有 $f(\boldsymbol{X})<f(\boldsymbol{X}^*)$，则称点 $\boldsymbol{X}^*$ 为严格极大值点，$f(\boldsymbol{X}^*)$ 为极大值。

3.1.1.1 无约束极值存在的必要条件

由微分可知，对于n元连续可导的函数 $f(\boldsymbol{X})$，在 $\boldsymbol{X}^*$ 点存在极值的必要条件为，函数 $f(\boldsymbol{X})$ 在该点的各一阶偏导数均等于零，或函数 $f(\boldsymbol{X})$ 在该点的梯度等于0，即

$$\nabla f(\boldsymbol{X}^*)=\begin{bmatrix}\partial f/\partial x_1\\ \partial f/\partial x_2\\ \vdots\\ \partial f/\partial x_n\end{bmatrix}=0$$

满足极值条件或梯度 $\nabla f(\boldsymbol{X}^*)=0$ 的点称为驻点。驻点不一定是极值点，只有满足充分条件时，才能判定驻点为极值点。

3.1.1.2 无约束极值存在的充分条件

设n元函数 $f(\boldsymbol{X})$ 在 $\boldsymbol{X}^*$ 点存在连续的一、二阶偏导数，且已满足函数极值存在的必要条件：$\nabla f(\boldsymbol{X}^*)=0$。将函数 $f(\boldsymbol{X})$ 在点 $\boldsymbol{X}^*$ 附近用Taylor二次展开式来逼近，有

$$f(\boldsymbol{X})=f(\boldsymbol{X}^*)+\left[\nabla f(\boldsymbol{X}^*)\right]^T\left[\boldsymbol{X}-\boldsymbol{X}^*\right]+\frac{1}{2}\left[\boldsymbol{X}-\boldsymbol{X}^*\right]^T H(\boldsymbol{X}^*)\left[\boldsymbol{X}-\boldsymbol{X}^*\right]$$

（3–1–1）

式中，$H\left(X^*\right)$为函数$f(X)$在X^*点的Hessian矩阵，其为$f(X)$的二阶偏导数矩阵。

将函数极值存在的必要条件$\nabla f\left(X^*\right)=0$代入式（3-1-1），有

$$f(X)-f\left(X^*\right)=\frac{1}{2}\left[X-X^*\right]^T H\left(X^*\right)\left[X-X^*\right] \tag{3-1-2}$$

上式右端为变量$[X-X^*]$的二次型。如果$H\left(X^*\right)$正定，则对于一切$X\neq X^*$（$[X\leftarrow X^*]\neq 0$）恒有二次型的值大于零，即$f(X)>f\left(X^*\right)$，X^*为极小值点（也称极小点），$f\left(X^*\right)$为极小值；如果$H\left(X^*\right)$负定，则对于一切$X\neq X^*$（$[X-X^*]\neq 0$）恒有二次型的值小于零，即$f(X)<f\left(X^*\right)$，X^*为极大值点，$f\left(X^*\right)$为极大值。

由此可以得到结论，点X^*成为多元函数$f(X)$极小值点的充分条件是函数$f(X)$在X^*点的Hessian矩阵$H\left(X^*\right)$正定；点X'成为极大值点的充分条件是函数$f(X)$在X^*点的Hessian矩阵$H\left(X^*\right)$负定。

对于一般的优化问题，大多已规范为求极小值的问题，故可统一规定无约束优化问题的极值存在条件为$\nabla f\left(X^*\right)=0$，Hessian矩阵正定。

例3-1 求无约束优化问题$f(X)=x_1^2+x_2^2-4x_1-2x_2+5$的极值点和极值。

解 此问题是无约束优化问题的极值条件问题。首先利用无约束极值存在的必要条件确定驻点，其次利用其充分条件，即可判定该驻点是不是极值点。

（1）利用必要条件确定驻点。

令
$$\nabla f\left(X^*\right)=\begin{bmatrix}2x_1-4\\2x_2-2\end{bmatrix}=0$$

求解得到驻点$X^*=\begin{bmatrix}2\\1\end{bmatrix}$。该点已满足极值存在的必要条件，是不是极值点，还需要判断其是否满足充分条件。

（2）利用充分条件判断驻点是否为极值点。

首先求函数的Hessian 矩阵（二阶偏导数矩阵）：

$$H\left(\boldsymbol{X}^*\right)=\nabla^2 f\left(\boldsymbol{X}^*\right)=\begin{bmatrix}\dfrac{\partial^2 f}{\partial x_1^2} & \dfrac{\partial^2 f}{\partial x_1 \partial x_2}\\ \dfrac{\partial^2 f}{\partial x_2 \partial x_1} & \dfrac{\partial^2 f}{\partial x_2^2}\end{bmatrix}_{x-x^*}=\begin{bmatrix}2 & 0\\ 0 & 2\end{bmatrix}$$

其次判断Hessian矩阵的正定性。由于$H\left(\boldsymbol{X}^*\right)$的一阶主子式|2|>0，二阶主子式$\begin{vmatrix}2 & 0\\ 0 & 2\end{vmatrix}=4>0$，因此$H\left(\boldsymbol{X}^*\right)$是正定的。所以，$\boldsymbol{X}^*=\begin{bmatrix}2\\ 1\end{bmatrix}$是该无约束优化问题的极值点，而且是极小值点，极小值$\nabla f\left(\boldsymbol{X}^*\right)=0$。

例3-2 求无约束问题$f\left(\boldsymbol{X}\right)=\frac{1}{3}x_1^3+\frac{1}{3}x_2^3-x_2^2-x_1$的极值点，并判断其性质。

解

$$\text{令}\ \nabla f\left(\boldsymbol{X}^*\right)=\begin{bmatrix}x_1^2-1\\ x_2^2-2x_2\end{bmatrix}=0$$

解此方程组可得到四个驻点：

$$\boldsymbol{X}^{(1)}=\begin{bmatrix}1\\ 0\end{bmatrix},\boldsymbol{X}^{(2)}=\begin{bmatrix}1\\ 2\end{bmatrix},\boldsymbol{X}^{(3)}=\begin{bmatrix}-1\\ 0\end{bmatrix},\boldsymbol{X}^{(4)}=\begin{bmatrix}-1\\ 2\end{bmatrix}$$

目标函数的Hessian矩阵为

$$H\left(\boldsymbol{X}\right)=\nabla^2 f\left(\boldsymbol{X}\right)=\begin{bmatrix}2x_1 & 0\\ 0 & 2x_2-2\end{bmatrix}$$

将各驻点代入，可知四个驻点的Hessian矩阵为

$$H\left(\boldsymbol{X}^{(1)}\right)=\begin{bmatrix}2 & 0\\0 & -2\end{bmatrix}\text{不定，不是极值点}$$

$$H\left(\boldsymbol{X}^{(2)}\right)=\begin{bmatrix}2 & 0\\0 & 2\end{bmatrix}\text{正定，局部极小值点}$$

$$H\left(\boldsymbol{X}^{(3)}\right)=\begin{bmatrix}-2 & 0\\0 & -2\end{bmatrix}\text{负定，局部极大值点}$$

$$H\left(\boldsymbol{X}^{(4)}\right)=\begin{bmatrix}-2 & 0\\0 & 2\end{bmatrix}\text{不定，不是极值点}$$

例3–3 求无约束问题$f\left(\boldsymbol{X}\right)=x_1^4-2x_1^2x_2+x_1^2+2x_2^2-2x_1x_2+\frac{9}{2}x_1-4x_2+4$的极值点，并判断其性质。

解

$$\nabla f\left(\boldsymbol{X}\right)=\begin{bmatrix}4x_1^3-4x_1x_2+2x_1-2x_2+\dfrac{9}{2}\\-2x_1^2+4x_2-2x_1-4\end{bmatrix}=0$$

解此方程组可得到三个驻点：

$$\boldsymbol{X}^{(1)}=\begin{bmatrix}1.941\\3.854\end{bmatrix},\boldsymbol{X}^{(2)}=\begin{bmatrix}-1.053\\1.028\end{bmatrix},\boldsymbol{X}^{(3)}=\begin{bmatrix}0.6117\\1.4929\end{bmatrix}$$

Hessian矩阵：

$$H\left(\boldsymbol{X}\right)=\nabla^2 f\left(\boldsymbol{X}\right)=\begin{bmatrix}12x_1^2-4x_2+2 & -4x_1-2\\-4x_1-2 & 4\end{bmatrix}$$

三个驻点的Hessian矩阵为

$$H\left(\boldsymbol{X}^{(1)}\right)=\begin{bmatrix}31.7938 & -9.764\\-9.764 & 4\end{bmatrix}\text{正定，局部极小值点}$$

$$H\left(\boldsymbol{X}^{(2)}\right)=\begin{bmatrix}11.1937 & 2.212\\2.212 & 4\end{bmatrix}\text{正定，局部极小值点}$$

$$H\left(\boldsymbol{X}^{(3)}\right)=\begin{bmatrix}0.5190 & -4.4469\\-4.4469 & 4\end{bmatrix}\text{不定，不是极值点}$$

可以判断，$X^{(1)}$ 和 $X^{(2)}$ 均为局部极小值点，其对应极小值分别为 $f\left(X^{(1)}\right)=0.9855, f\left(X^{(2)}\right)=-0.5134$，但由于 $f\left(X^{(1)}\right)>f\left(X^{(2)}\right)$，所以 $X^{(2)}$ 为全域极小值点，$f\left(X^{(2)}\right)=-0.5134$ 为全域极小值。

无约束优化问题的极值条件是研究优化问题的基础，但在工程上只有理论上的意义。这是因为，实际工程优化问题的目标函数比较复杂，Hessian 矩阵 $H\left(X^*\right)$ 不易求解，其正定和负定的判断也更加困难。因此，无约束问题的极值条件只作为优化过程中的极小点判断。

3.1.2 约束优化问题的极值条件

对于约束优化问题，约束最优解是由最优点（极小点）和最优值（极小值）构成的。约束优化问题最优解的存在有多种情况，下面以简单的二维问题为例，来说明约束最优解存在的几种情况。

3.1.2.1 约束最优解的存在情况

（1）约束条件不起作用。图3-1所示为极值点 X^* 落在可行域内部的一种情况。可行域 $\wp$ 为凸集，目标函数 $f(X)$ 为凸函数，且有 $\nabla^2 f\left(X^*\right)=0$, $H\left(X^*\right)$ 正定，极值点 $X^* \in \wp$。此时，所有约束条件对最优点X^*都不起作用。所以，约束优化问题就等价于无约束优化问题，目标函数的极值点就是该约束优化问题的极小点。

（2）等式约束起作用。图3-2所示为在满足等式约束的条件下，极值点 X^* 落在等式约束h（X）与目标函数 $f(X)$ 等值线的切点上（或等式约束与约束边界的交点）。此时，仅有等式约束对最优点 X^* 起作用，不等式约束条件对最优点 X^* 不起作用。

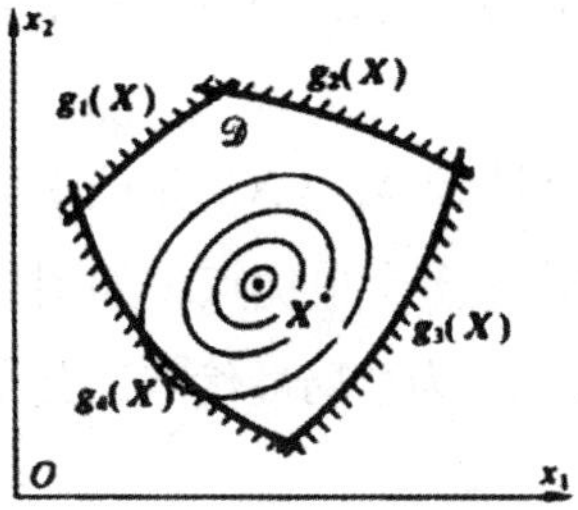

图3-1　约束不起作用

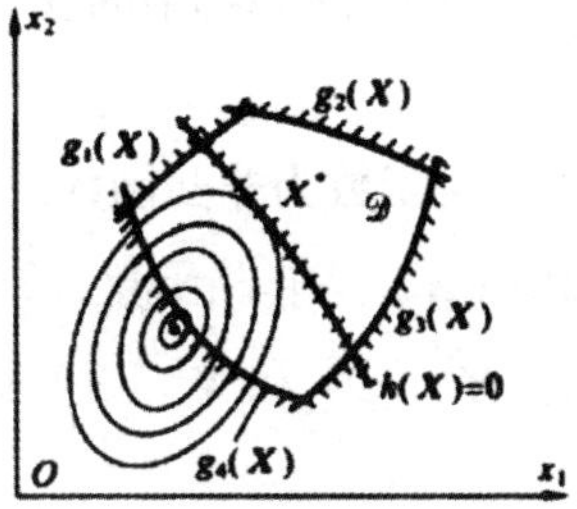

图3-2　等式约束起作用

（3）一个约束起作用。图3-3为约束最优点 X^* 落在约束边界 $g_2(X)$ 与目标函数 $f(X)$ 等值线的切点上。此时，$g_2(X)=0$为起作用约束，而 $g_1(X)<0$、$g_3(X)<0$为不起作用约束，目标函数的无约束极值点在可行域外。

（4）两个或两个以上约束起作用。图3-4为约束最优点 X^* 落在两约束边界 $g_1(X)$、$g_2(X)$ 与目标函数 $f(X)$ 等值线的交点上的图。此时，$g_1(X)=0$、$g_2(X)=0$ 为起作用约束，而 $g_3(X)<0$为不起作用约束，目标函数的无约束极值点在可行域外。这种情况下起作用约束一般为两个或两个以上。

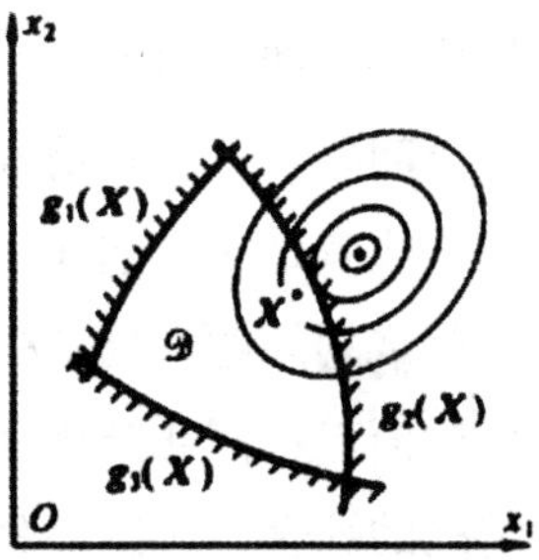

图3-3　一个约束起作用

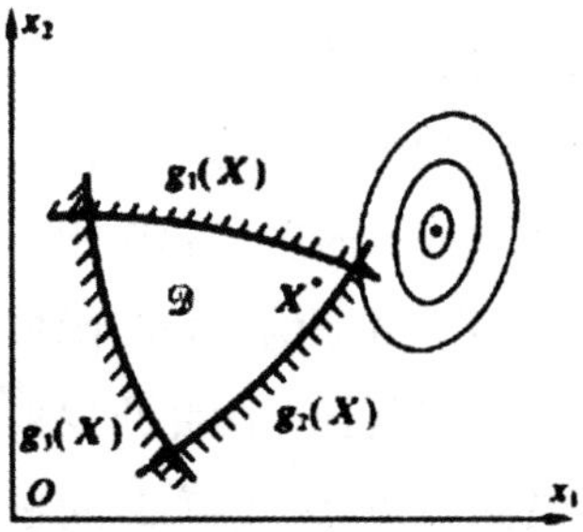

图3-4　两个或两个以上约束起作用

（5）约束函数为凸函数，目标函数为非凸函数。如图3-5所示，可行域D为凸集，目标函数 $f(X)$ 为非凸函数，而约束函数g（X）为凸函数，则可能有多个最优点（如图3-5中的X^*（1）和X^*（2）所示，但只有一个点为全局最优点。

（6）约束函数为非凸函数。在图3-6中，目标函数f（X）是凸函数，而起作用约束g（X）是非凸函数，则也有可能会产生多个最优点（如图3-17中的X^*（1）、X^*（2）和X^*（3）所示，但只有一个为全局最优点，其余为局部最优点。

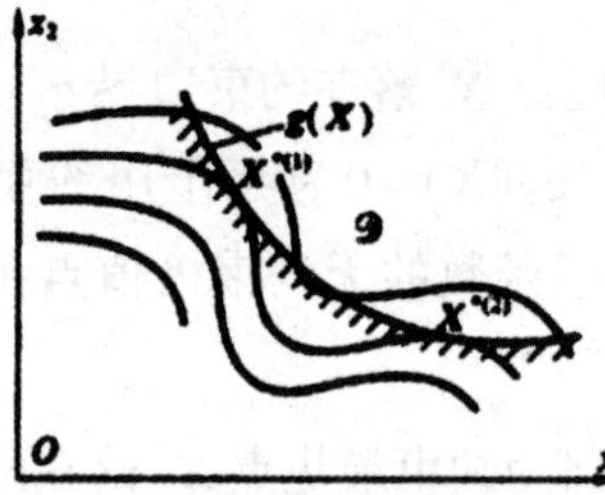

图3-5　约束函数为凸函数，目标函数为非凸函数

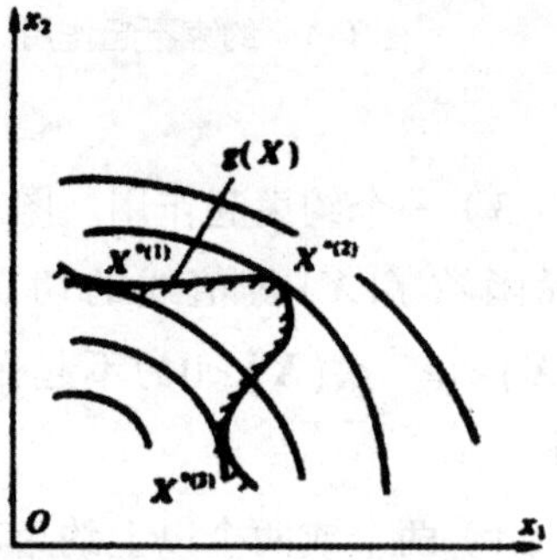

图3-6　约束函数为非凸函数

以上分门别类地介绍了二维约束优化问题条件极值（约束极值）存在的几种情况，它同样适用于多维约束优化问题。由此可见，约束问题最优解的存在情况可能有两种：一种情况是极值点在可行域内部，即极值点是可行域的内点，这种情况的约束优化问题等价于无约束优化问题；另一种情况的最优点是等值线（面）与起作用约束线（面）的切点，或者是多个起作用约束的交点。对于目标函数是凸函数，可行域是凸集的凸规划问题，局部极值点与全局极值点重合，因此凸规划问题有唯一的约束极值点；而非凸规划问题有多个约束极值点。但实际问题可能是以上几种情况的综合，所以要具体问题具体分析。

3.1.2.2　约束极值存在的必要条件

约束优化问题的极值条件比无约束优化问题要复杂得多。一般来说，我们在研究约束优化问题时，主要解决两个方面的问题：判断约束极值点存在的必要条件；判断所得的极值点是全域最小点或是局部最小点。这里只是讨论第一个问题，至于第二个问题到目前为止还没有统一的结论。也就是说，这里所给出的必要条件只是局部最优解的必要条件。

（1）下降方向、可行方向和可行下降方向。

①下降方向。在优化过程中，只要能使目标函数值减小的方向均称为下降方向。如图3–7所示，等值线为二维优化目标函数 $f(\boldsymbol{X})=c_1$，c_2，…，c_n时的等值线，$f(\boldsymbol{X})$，$\nabla f(\boldsymbol{X})$为$f(\boldsymbol{X})$在设计点$\boldsymbol{X}$（k）处的梯度方向。

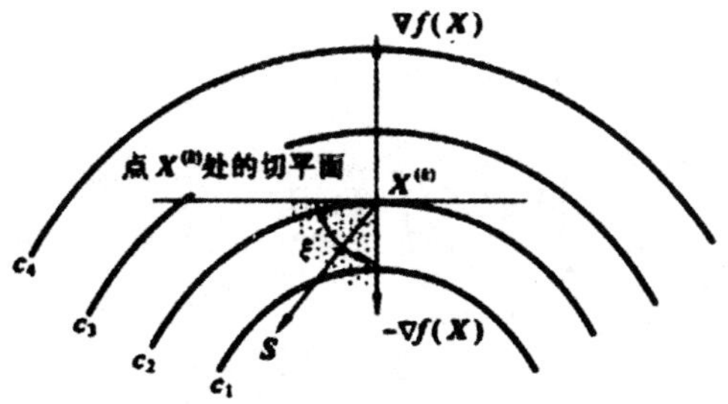

图3–7　下降方向区

由梯度的定义可知，梯度方向$\nabla f(\boldsymbol{X})$是目标函数等值线（面）的法线方向，所以沿与$-\nabla f(\boldsymbol{X})$夹角为锐角的方向$S$取点，都能使目标函数值减小。由此可见，下降方向$S$与目标函数$f(\boldsymbol{X})$的负梯度方向（$-\nabla f(\boldsymbol{X})$）的夹角应为锐角。即

$$\boldsymbol{S}\cdot\left(-\nabla f(\boldsymbol{X})\right)>0 \text{或} \boldsymbol{S}\cdot\nabla f(\boldsymbol{X})<0 \qquad (3\text{–}1\text{–}3)$$

这样，下降方向就位于负梯度方向（$-\nabla f(\boldsymbol{X})$）与等值线切线所围成的扇形区域内，如图3–7所示的阴影区域。可以看到，在角度为ξ的扇形区域内确定的S方向一定是下降方向。

②可行方向。从约束边界出发的所有方向有两种，一种称为可行方向，另一种是不可行方向。可行方向可认为是由约束边界出发，指向可行域内的

任何方向，即不破坏约束条件的方向。可行域内的任何方向均为可行方向。

如图3–8所示，假设$g(\boldsymbol{X})$是起作用约束边界，它将设计空间分为两部分，$g(\boldsymbol{X})<0$侧为可行域，$g(\boldsymbol{X})>0$侧为非可行域，$g(\boldsymbol{X})\approx 0$为约束边界。$\nabla f(\boldsymbol{X})$为约束边界$g(\boldsymbol{X})=0$上设计点$\boldsymbol{X}(k)$的约束梯度方向。当约束边界取$g(\boldsymbol{X})\leqslant 0$形式时，约束函数的梯度（法线）方向总是由约束边界指向非可行域一侧。方向S是可行方向，它与约束梯度方向$\nabla f(\boldsymbol{X})$的夹角应为钝角。即

$$\boldsymbol{S}\bullet\nabla g(\boldsymbol{X})<0$$

也可写为

$$-\left[\nabla g(\boldsymbol{X})\right]^{\mathrm{T}}\boldsymbol{S}>0 \tag{3-1-4}$$

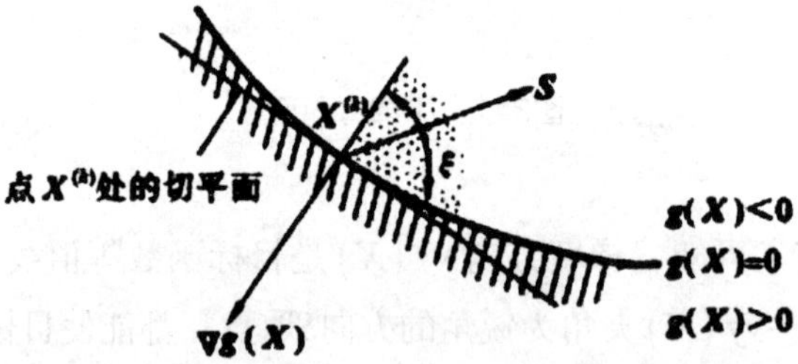

图3–8 可行方向区

由图3–8可看出，可行方向应位于约束负梯度方向（$-\nabla g(\boldsymbol{X})$）与其切线方向所围成的扇形区域内（阴影区域），在角度为ξ的扇形区域内确定的$\boldsymbol{S}$方向一定是可行方向。

③可行下降方向。可行下降方向包含了可行方向和下降方向的所有特征，即在不破坏约束的条件下，使目标函数值下降的方向。所以，可行下降方向需同时满足式（3–1–3）和式（3–1–4），联立两式有：

$$\begin{cases} -\nabla f(\boldsymbol{X}) \cdot \boldsymbol{S} > 0 \\ \nabla g(\boldsymbol{X}) \cdot \boldsymbol{S} < 0 \end{cases} \tag{3-1-5}$$

如图3-9（a）所示，$-\nabla f(\boldsymbol{X})$为目标函数等值线在设计点$\boldsymbol{X}(k)$的负梯度方向，$\nabla g(\boldsymbol{X})$为约束边界$g(\boldsymbol{X})$在$\boldsymbol{X}(k)$的梯度方向，指向非可行域。根据可行下降方向的定义，目标函数$f(\boldsymbol{X})$等值线在$\boldsymbol{X}(k)$处的切线与约束边界$g(\boldsymbol{X})$在$\boldsymbol{X}(k)$处的切线所夹角度ξ的扇形区域内的所有方向都是可行下降方向。

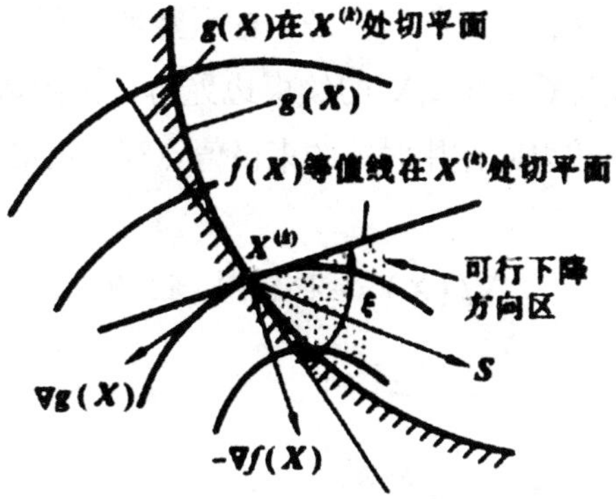

（a）约束边界上的可行下降方向

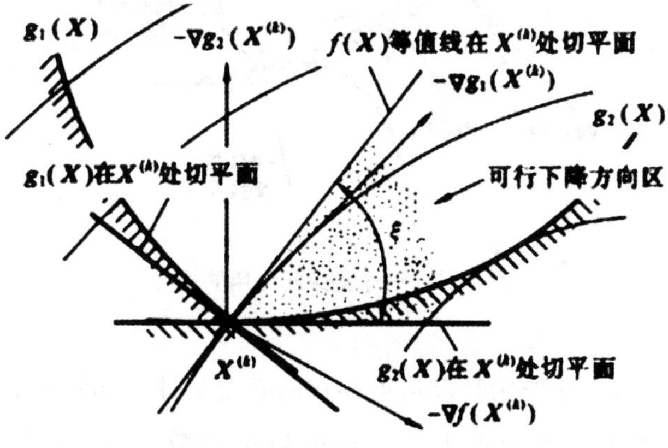

（b）约束边界交点的可行下降方向

图3-9　可行下降方向区

图3-9（b）所示为在两约束函数 $g_1(X)$ 和 $g_2(X)$ 的交点 $X(k)$ 处的可行下降方向。由图中可以看出，要满足可行下降方向的所有条件，可行下降方向必处于各可行方向区和下降方向区的交集，即阴影所示的夹角为ξ的扇形区域内。

（2）一个约束起作用时极值点存在的必要条件。

对于约束优化问题，无约束极值点位于可行域外，约束起作用的方式如图3-21所示。在约束边界上有方向S存在，且S满足式（3-1-5），即总存在可行下降方向，则该点就不是极值点。

当且仅当 $-\nabla f(X) \parallel g(X)$ 时，不存在可行下降方向，则使这一条件成立的点即为所求的约束极值点，它是目标函数的等值线与起作用约束的切点，如图3-10中的点X^*（在点X^*的约束边界与目标函数的两梯度方向完全重合）。因此，一个约束起作用时，约束极值点存在的必要条件可写为

$$\nabla f(X) = -\lambda g(X) \quad \lambda > 0$$

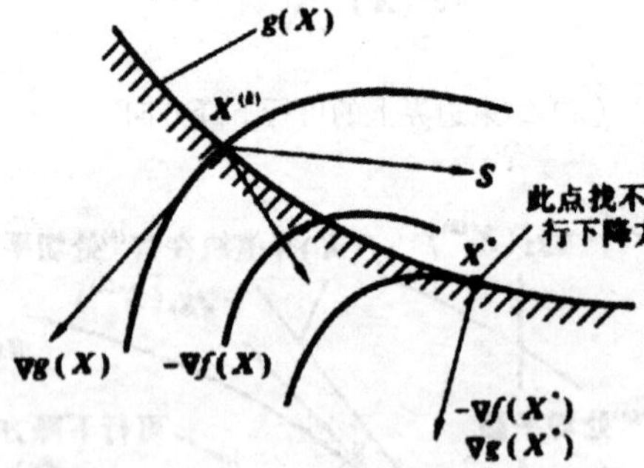

图3-10　一个约束起作用的情况

（3）两个约束起作用时极值点存在的必要条件。如图3-11所示，假设点 $X^{(k)}$ 处于约束线的交点上，该点的目标函数 $f(X)$ 的负梯度方向为 $-\nabla f\left(X^{(k)}\right)$，两个起作用约束的梯度方向分别为 $\nabla g_1\left(X^{(k)}\right)$、$\nabla g_2\left(X^{(k)}\right)$。若在 $X^{(k)}$ 点找到一个方向S，使它满足下列三个不等式：

$$-\nabla f\left(\boldsymbol{X}^{(k)}\right)\bullet\boldsymbol{S}>0 \text{ 保证下降性}$$

$$\nabla g_1\left(\boldsymbol{X}^{(k)}\right)\bullet\boldsymbol{S}<0 \text{ 保证可行性}$$

$$\nabla g_2\left(\boldsymbol{X}^{(k)}\right)\bullet\boldsymbol{S}<0 \text{ 保证可行性}$$

则S方向为可行下降方向，所以说$\boldsymbol{X}^{(k)}$为非极值点（非稳定点）；反之，如果破坏上述三个条件中的任何一个，或者说在$\boldsymbol{X}^{(k)}$点找不到可行下降方向，则$\boldsymbol{X}^{(k)}$就成为极值点（稳定点），如图3-12中的$\boldsymbol{X}^*$点。

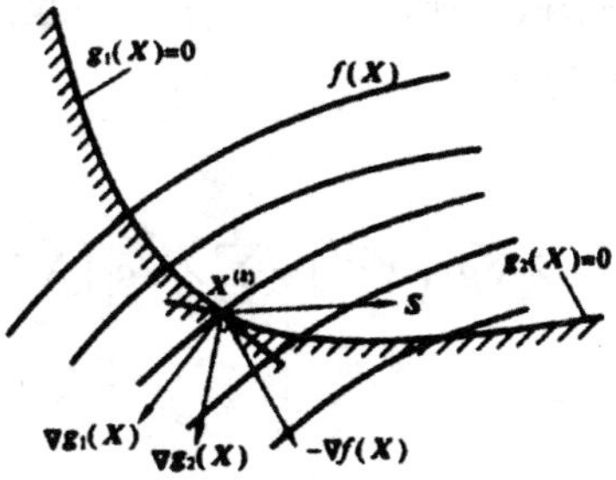

图3-11　存在可行下降方向

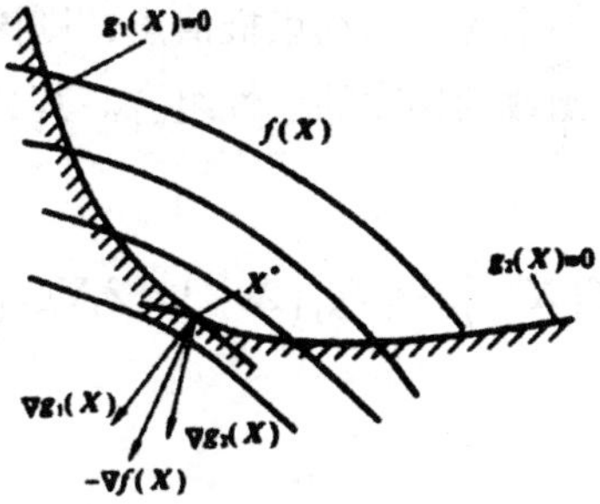

图3-12　不存在可行下降方向

实践证明，对于两个约束起作用的问题，只有当约束交叉点$\boldsymbol{X}^{(k)}$处的目标函数的负梯度方向$-\nabla f\left(\boldsymbol{X}^{(k)}\right)$位于两个约束函数的梯度方向$\nabla g_1\left(\boldsymbol{X}^{(k)}\right)$、$\nabla g_2\left(\boldsymbol{X}^{(k)}\right)$所夹的扇形区域内时，上述三个条件才不能同时成立，即不存在可行下降方向S，则该点就为两个约束起作用时的约束极值点。

如果记两个约束的交叉点为约束极值点，则在该点必有目标函数的负梯度方向位于两个约束梯度方向所夹扇形区域内。由于$-\nabla f\left(\boldsymbol{X}^{(k)}\right)$位于$\nabla g_1\left(\boldsymbol{X}^{(k)}\right)$、$\nabla g_2\left(\boldsymbol{X}^{(k)}\right)$的夹角内，由矢量求和的平行四边形法则有

$$-\nabla f\left(\boldsymbol{X}^{(k)}\right)=\lambda_1\nabla g_1\left(\boldsymbol{X}^{(k)}\right)+\lambda_2\nabla g_2\left(\boldsymbol{X}^{(k)}\right)\quad(\lambda_1>0,\lambda_2>0)\qquad(3\text{-}1\text{-}5)$$

成立。

式（3–1–5）就是两个约束起作用时约束极值点存在的必要条件。该条件也可表示为

$$\nabla f\left(\boldsymbol{X}^{(k)}\right)=-\lambda_1\nabla g_1\left(\boldsymbol{X}^{(k)}\right)-\lambda_2\nabla g_2\left(\boldsymbol{X}^{(k)}\right)\quad\left(\lambda_1>0,\lambda_2>0\right)\tag{3-1-6}$$

（4）约束极值点存在的必要条件K–T条件。由一个约束起作用及两个约束起作用的结论，也同样可以得到多个约束起作用的结论，由此归纳出一般情况下约束极值点存在的必要条件，即Kuhn–Tucker条件。它是由Kuhn，Tucker提出的，简称K–T条件。

如果 $\boldsymbol{X}^{(k)}$ 为约束极值点，则该点的目标函数的梯度可以表示为各起作用约束函数的梯度的线性组合。其数学表达式为

$$\nabla f\left(\boldsymbol{X}^{(k)}\right)=-\lambda_1\nabla g_1\left(\boldsymbol{X}^{(k)}\right)-\lambda_2\nabla g_2\left(\boldsymbol{X}^{(k)}\right)-\cdots-\lambda_q\nabla g_q\left(\boldsymbol{X}^{(k)}\right)=\sum_{i=1}^{q}\lambda_i\nabla g_i\left(\boldsymbol{X}^{(k)}\right)\tag{3-1-7}$$

式中，$\lambda_i>0$是常数；$i=1$，2，⋯，q为起作用约束个数。

满足K–T条件的点称为K–T点。用优化术语讲，K–T点为无可行下降方向的设计点（约束极值点）；从几何角度讲，K–T点有以下几个特征。

①一个约束起作用的K–T点的特征：$-\nabla f\left(\boldsymbol{X}^{(k)}\right)\parallel g\left(\boldsymbol{X}^{(k)}\right)$；

②两个约束起作用的K–T点的特征：$-\nabla f\left(\boldsymbol{X}^{(k)}\right)$ 位于 $\nabla g_1\left(\boldsymbol{X}^{(k)}\right)$、$\nabla g_2\left(\boldsymbol{X}^{(k)}\right)$ 所夹的扇形区域内；

③三个以上约束起作用的K–T点的特征：$-\nabla f\left(\boldsymbol{X}^{(k)}\right)$ 位于所有起作用约束的梯度方向在设计空间所构成的多棱锥体内。

（5）关于K–T条件应用的几点说明。

①K–T条件是约束极值存在的必要条件。必要条件是起否定作用的，因此K–T条件主要用于判定所得最优点是否为约束最优点。

②对目标函数或约束函数为非凸的优化问题（非凸规划问题），K–T条件可能是局部极小点；对目标函数和可行域全凸的优化问题（凸规划问题），K–T点为全城最小点，即此时K–T条件成为约束极值存在的充要条件。

③约束函数表达式不同，K–T条件的表达式有变。建议运用K–T条件时，先将约束条件处理为$g(\boldsymbol{X}) \leqslant 0$形式。

④对于同时存在等式约束和不等式约束条件的情况，K–T条件采用以下形式：

$$-\nabla f\left(\boldsymbol{X}^{(k)}\right)=\sum_{i=1}^{m}\lambda_i \nabla g_u\left(\boldsymbol{X}^{(k)}\right)+\sum_{j=1}^{p}u_j \nabla h_v\left(\boldsymbol{X}^{(k)}\right) \tag{3-1-8}$$

式中，$\lambda_i \geqslant 0$是常数（非负）；u_j不全为0（并没有非负要求）。

例3–4 用K–T条件判断$\boldsymbol{X}^*=[1\ 1\ 1]^{\mathrm{T}}$是不是下列约束优化问题的最优解。

$$\begin{cases}\min f(\boldsymbol{X})=-3x_1^2+x_2^2+2x_3^2 \\ \text{s.t.} g_1(\boldsymbol{X})=x_1-x_2 \leqslant 0 \\ g_2(\boldsymbol{X})=x_1^2-x_3^2 \leqslant 0 \\ g_3(\boldsymbol{X})=-x_1 \leqslant 0 \\ g_4(\boldsymbol{X})=-x_2 \leqslant 0 \\ g_5(\boldsymbol{X})=-x_3 \leqslant 0\end{cases}$$

解 要利用K–T条件判断设计点是不是约束优化问题的最优解，首先要判断哪些约束条件是起作用约束。判断某个约束条件是不是起作用约束，可将设计点$\boldsymbol{X}^*$代入该约束条件。

若$g_i\left(\boldsymbol{X}^*\right)=0$，则约束条件$g_i\left(\boldsymbol{X}^*\right) \leqslant 0$是起作用约束；若$g_i\left(\boldsymbol{X}^*\right) \neq 0$，则约束条件$g_i\left(\boldsymbol{X}^*\right) \leqslant 0$是不起作用约束，在运用K–T条件时不予考虑。因此，将点$\boldsymbol{X}^*=[1\ \ 1\ \ 1]^{\mathrm{T}}$代入各约束函数后判断可知，约束条件$g_1(\boldsymbol{X})$和$g_2(\boldsymbol{X})$为起作用约束。

$$\nabla f\left(\boldsymbol{X}^*\right)=\begin{bmatrix}-6x_1 \\ 2x_2 \\ 4x_3\end{bmatrix}_{[1,1,1]}=\begin{bmatrix}-6 \\ 3 \\ 4\end{bmatrix}$$

$$\nabla g_1\left(\boldsymbol{X}^*\right)=\begin{bmatrix}1\\-1\\0\end{bmatrix}$$

$$\nabla g_2\left(\boldsymbol{X}^*\right)=\begin{bmatrix}2x_1\\0\\-2x_3\end{bmatrix}_{[1\ 1\ 1]}=\begin{bmatrix}2\\0\\-2\end{bmatrix}$$

将$\nabla f(\boldsymbol{X}^*)$和$\nabla g_1(\boldsymbol{X}^*)$，$\nabla g_2(\boldsymbol{X}^*)$代入K–T条件，得

$$-\begin{bmatrix}-6\\2\\4\end{bmatrix}=\lambda_1\begin{bmatrix}1\\-1\\0\end{bmatrix}+\lambda_2\begin{bmatrix}2\\0\\-2\end{bmatrix}$$

解方程组，可得

$$\lambda_1=2，\lambda_2=2$$

由于$\lambda_1=2>0$，$\lambda_2=2>0$，满足K–T条件，故$\boldsymbol{X}^*=[1\ 1\ 1]^{\mathrm{T}}$是该约束优化问题的最优解。从例3–4可归纳出运用K–T条件的一般步骤：

步骤一：判断起作用约束；

步骤二：计算目标函数梯度$\nabla f\left(\boldsymbol{X}^*\right)$和起作用约束梯度$\nabla g_i\left(\boldsymbol{X}^*\right)$；

步骤三：代入K–T条件，判断$\lambda_1\geqslant 0$？若满足，则$\boldsymbol{X}^*$为约束极值点。

例3–5 用K–T条件求解等式约束问题

$$\begin{cases}\min f\left(\boldsymbol{X}\right)=\left(x_1-3\right)^2+x_2^2\\ \text{s.t.}h\left(\boldsymbol{X}\right)=x_1+x_2-4=0\end{cases}$$

的最优解。

解 将

$$\nabla f\left(\boldsymbol{X}\right)=\begin{bmatrix}2\left(x_1-3\right)\\2x_2\end{bmatrix}$$

$$\nabla h(\boldsymbol{X})=\begin{bmatrix}1\\1\end{bmatrix}$$

代入K–T条件式（3–1–8），可得

$$-\begin{bmatrix}2(x_1-3)\\2x_2\end{bmatrix}=u_1\begin{bmatrix}1\\1\end{bmatrix}$$

解方程组，可得

$$x_1=\frac{6-u_1}{2},x_2=-\frac{u_1}{2},$$

将x_1和x_2的表达式代入等式约束$h(\boldsymbol{X})=0$，求解后得：

$$u_1=-1$$

将u_1代入x_1和x_2的表达式，得到

$$\boldsymbol{X}^*=[7/2\quad 1/2]^{\mathrm{T}}$$

即为等式约束优化问题的最优解。

如例3–5所示的仅包含等式约束条件的约束优化问题：

$$\begin{cases}\min f(\boldsymbol{X}) & \boldsymbol{X}\in\mathbf{R}^n\\ \text{s.t.}h_v(\boldsymbol{X})=0 & v=1,2,\cdots,p\end{cases}$$

也可通过建立拉格朗日函数来进行求解。拉格朗日函数可写成

$$L(\boldsymbol{X},u)=f(\boldsymbol{X})+\sum_{j=1}^{p}u_jh_v(\boldsymbol{X}) \tag{3-1-9}$$

利用极值存在条件，令

$$L\left(\boldsymbol{X}^*,u\right)=0$$

整理后，得

$$-\nabla f\left(\boldsymbol{X}^*\right)+\sum_{j=1}^{p}u_j\nabla h_v\left(\boldsymbol{X}^{(k)}\right)\left(u_j\text{补全为}0\right) \qquad (3\text{–}1\text{–}10)$$

很明显，式（3–1–10）与前述的K–T条件完全一致。因此，例3–9通过建立拉格朗日函数的方法求解。

建立拉格朗日函数：

$$L\left(\boldsymbol{X},u\right)=f\left(\boldsymbol{X}\right)+\sum_{j=1}^{p}u_jh_v\left(\boldsymbol{X}\right)=\left(x_1-3\right)^2+x_2^2+u\left(x_1+x_2-4\right)$$

令

$$\begin{cases}\dfrac{\partial L}{\partial x_1}=2\left(x_1-3\right)+u=0\\ \dfrac{\partial L}{\partial x_2}=2x_2+u=0\\ \dfrac{\partial L}{\partial u}=x_1+x_2-4=0\end{cases}$$

求解方程组，可得

$$x_1=\frac{6-u}{2},x_2=-\frac{u}{2}$$

将x_1和x_2代入上面方程组的第三式，得

$$u=-1$$

故等式约束优化问题的最优解$\boldsymbol{X}^*=\left[7/2\quad 1/2\right]^{\mathrm{T}}$，两种解法结果是一致的。

3.2 优化设计的数学模型

数学模型是利用各种优化算法和计算机程序来获取工程实际问题的最佳方案的一种现代设计手段。在进行优化设计时，首先需要对实际问题的物理模型加以抽象、简化和分析，用数学语言来描述该问题的设计条件和设计目标，在此基础上构造出由数学表达式组成的数学模型。然后，选择合适的优化方法，并利用计算机编程上机的方法进行数学模型的求解，得到一组最佳的设计方案。数学模型是对实际工程问题的数学描述，是优化设计的基础。

优化设计是一种规格化设计方法，尽管工程问题千差万别，但用优化方法来解决这些设计问题时，所建立的数学模型的格式是统一的、完全一致的。优化设计的数学模型的一般形式为

$$\begin{cases} \min\limits_{\boldsymbol{X}\in\mathbf{R}^n} f\left(\boldsymbol{X}\right) \\ \text{s.t.}\, g_u\left(\boldsymbol{X}\right)\leqslant 0 \quad \left(u=1,2,\cdots,m\right) \\ \qquad h_v\left(\boldsymbol{X}\right)=0 \quad \left(v=1,2,\cdots,p<n\right) \end{cases} \tag{3-2-1}$$

该数学模型可描述：在满足不等式约束 $g_u\left(\boldsymbol{X}\right)\leqslant 0$和等式约束 $h_v\left(\boldsymbol{X}\right)=0$ 的前提下，优选设计变量$\boldsymbol{X}=[x_1,\ x_2,\ \ldots,\ x_n]^{\mathrm{T}}$，使目标函数 $f\left(\boldsymbol{X}\right)$ 的值趋近于最优或最小化，即 $f\left(\boldsymbol{X}\right)\to\min$.目标函数的最小值及其对应的设计变量值称为优化问题的最优解。

3.2.1 优化数学模型的建立

在提出一个具体的优化设计问题以后，第一步就要建立一个相应的优化数学模型。如果我们站得更高一点，看得更远一点，则我们还可以有充分

理由预言：随着电子计算机的广泛应用，随着CAD技术的推广，建立数学模型将成为每一个工程技术人员必须具备并且要大大加强的基本技能。这是因为计算机软硬件的强大功能已经把工程技术人员从许多工作中解放出来。例如：

（1）计算机快速精确的计算功能将代替我们复杂的人工运算。

（2）计算机的存贮记忆功能以及各种数据库，将使我们不必花气力记忆各种参数，不必为此去反复地查阅相关手册。

（3）许多复杂的计算公式、计算方法将被编制成商品化的软件，工程技术人员只需调用这些程序就可以得到正确的计算结果，而不必去记忆推导那些公式。

（4）计算机的图形绘制功能将免除工程技术人员成年累月趴在图板上制图之苦，快速画出漂亮规范的工程图纸。

优化数学模型是从产品设计实践中抽象出来的。产品设计的内涵可以这样加以表述：为了满足人们的某一特定需求，在一定的物质和技术条件下，工程技术人员通过分析、综合的方法，最终形成能满足这一特定需要的装置、设备、过程、系统或其他产品。从这里，我们可以看到：

（1）设计有很强的目的性，对任何设计对象总有一定的要求，如使用性要求、经济性要求、工艺性要求等。

（2）设计要受到客观条件的制约，如材料的制约、加工设备的制约、工艺手段的制约、成本价格的制约等。

（3）设计方案往往是非唯一的，在众多的设计方案中，必有优劣之分。

从设计实践中抽象出来的优化数学模型，恰恰反映了设计的这些特点，它主要由下面这些“构件”组成：①目标函数，即优化设计要达到什么目的，它反映了对设计对象的各种要求；②约束函数，即优化中要服从哪些约束，它反映了客观条件对设计的制约；③设计变量，它是能影响目标函数、约束函数的各种可变设计参数，每一组设计变量对应着一个设计方案。

用这样的优化数学模型加以表述的优化设计过程是在满足所有约束函数的前提下，通过改变设计变量的值来寻找一个最佳的设计方案，使其能最大限度地满足事先提出的设计目标。抽象出的数学模型都具有相同的形式，可以将其统一表达为

$$\begin{aligned}
&\min F(\boldsymbol{X})=\left[f_1(x), f_1(x), \cdots, f_m(x)\right]^{\mathrm{T}} \\
&\text{s.t.} g_i(\boldsymbol{X}) \leqslant 0 \quad (i=1,2,\cdots,p) \\
&h_j(\boldsymbol{X})=0 \quad (j=1,2,\cdots,q)
\end{aligned}$$

进行统一处理的方法是：对于极大化的目标函数，将前面加负号变为极小化；不等号右边的非零项移至左边；要求大于等于的不等式约束两边同乘以-1变为小于等于。具有上述统一表达形式的优化数学模型，已经不再带有所表现的具体工程问题的痕迹，唯有在数学性态上各不相同。例如：

第一个模型目标函数中x_1，x_2的方次均为一次，因而是一个线性模型。

第二个模型目标函数是线性的。约束函数却是非线性的。

第三个模型目标函数、约束函数都是非线性的，而且目标函数不止一个，因而是一个多目标非线性模型。

为了求解具有不同数学性态的优化数学模型，人们开发出各种各样的优化方法。优化方法发展至今，谁也讲不清到底有多少种优化方法，对优化方法的分类也是各有各的出发点，各有各的方法，大致说来，可以做这样一些划分：按目标函数的多少，可分为单目标优化方法和多目标优化方法；按目标函数、约束函数的方次，可分为线性优化方法和非线性优化方法；按设计变量的性质可分为连续变量优化方法、离散变量优化方法、整数变量优化方法、模糊变量优化方法、随机变量优化方法；按寻求最优解的策略手段，可分为直接法、解析法、随机法。

此外，还有一些优化方法有其专有的名称，如几何规划法、动态规划法、线性规划法、二次规划法、目标规划法、遗传进化法等。

3.2.2 数学模型的尺度变换

当所建立的数学模型出现诸如目标函数等值线形状奇怪、设计变量的量纲（单位）差异较大、约束条件中各变量的数量级相差很大等问题时，应该对数学模型三要素的表达形式进行改善，否则，会影响整个优化过程和优化结果。所以，出现此类情况，对数学模型进行适当的尺度变换就显得十分重要。

数学模型的尺度变换，是指通过改变（放大或缩小）在设计空间中各个坐标分量的比例，以改善数学模型的性态的一种方法。数学模型的尺度变换包括对设计变量、目标函数和约束条件的尺度变换。

3.2.2.1 设计变量的尺度变换

在优化设计中，当设计变量的量纲不同，或数量级相差很大时，工程师可通过尺度变换对设计变量进行无量纲化和量级规格化处理。例如，在对通用机械的动压滑动轴承优化设计中，一般取设计变量：

$$\boldsymbol{X}=\begin{bmatrix}x_1 & x_2 & x_3\end{bmatrix}^{\mathrm{T}}=\begin{bmatrix}L/D & C & \mu\end{bmatrix}^{\mathrm{T}}$$

其中，L/D为轴承的宽度L与直径D之比，通常在0.2~1.0范围内取值，无量纲；C为径向间隙，当轴颈直径为12~125mm时的C值为0.012~0.15mm；而μ为润滑油的动力黏度，一般取0.00065~0.007Pa·s。显然，3个设计变量的数量级相差很大。

为了使设计变量无量纲化和量级规格化，可以进行尺度变换处理：

$$x_i'=k_i x_i\left(i=1,2,3,\cdots,n\right)$$

其中，一般取 $ki=1/x_i^{(0)}\left(i=1,2,3,\cdots,n\right), x_i^{(0)}\left(i=1,2,3,\cdots,n\right)$ 为第i个设计变量的初始值。

实践证明，当选取的初始点 $x_i^{(0)}$ 比较接近最优点x_i时，则尺度变换后的设计变量 x_i' 值均在1的附近变化。

3.2.2.2 目标函数的尺度变换

由于工程问题的复杂性，目标函数可能会存在严重的非线性，函数性态恶化，这种情况直接影响到优化程序的运行效率、优化过程的收敛性和稳定性。目标函数的尺度变换，可大大地改善目标函数的性态，加速优化进程。例如，对于目标函数 $f\left(\boldsymbol{X}\right)=144x_1^2+4x_2^2-8x_1x_2$，如图3-13（a）所示，其等值线是一极为扁平的椭圆簇，对优化过程十分不利。

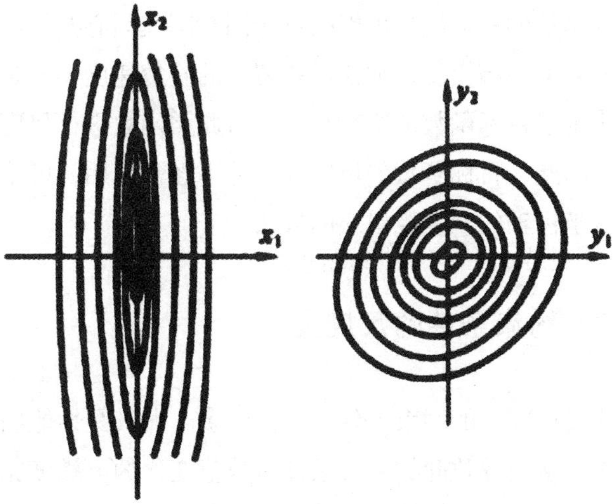

（a）尺度变换前的等值线；（b）尺度变换后的等值线

图3-13　目标函数尺度变换前后的等值线变化

如果令

$$x_1 = y_1 / 12, x_2 = y_2 / 2$$

则原目标函数变换为

$$f\left(\boldsymbol{Y}\right)=y_1^2+y_2^2-\frac{1}{3}y_1y_2$$

新目标函数的等值线如图3-13（b）所示。很显然，函数 $f\left(\boldsymbol{Y}\right)$ 的性态比 $f\left(\boldsymbol{Y}\right)$ 的性态（如等值线的偏心程度）得到了很大改善，求解效率会显著提高并易于求解。在对新目标函数 $f\left(\boldsymbol{Y}\right)$ 求得最优点 $\boldsymbol{Y}^*=\left[y_1^* \quad y_2^*\right]^{\mathrm{T}}$ 后，再

进行反变换：

$$x_1^* = y_1^* / 12, x_2^* = y_2^* / 2$$

即可得到原目标函数 $f(\boldsymbol{Y})$ 的最优点 $\boldsymbol{X}^* = \begin{bmatrix} x_1^* & x_2^* \end{bmatrix}^{\mathrm{T}}$。

从二维优化问题的角度来看，目标函数尺度变换的目的，就是通过尺度变换使得目标函数的等值线尽可能接近于同心圆或同心椭圆簇，从而减小原目标函数的偏心率和畸变度，加快优化搜索的收敛速度。但是，实际工程问题的复杂性决定了目标函数的复杂程度，对此类函数进行尺度变换就存在相当大的难度。因此，目标函数的尺度变换并不经常采用，可采用变换设计变量的尺度使各坐标轴的刻度规格化的方法。

3.2.2.3 约束条件的尺度变换

实际优化设计问题的约束条件个数比较多，尤其是性能约束函数值的数量级相差很大，从而导致此类约束条件对数值变化的灵敏度完全不同，因而这些约束函数在优化过程中所起的作用也会与所期望的偏差较大。灵敏度高的约束在寻优过程中会首先得到满足，而其余约束条件却几乎得不到考虑，这样就有可能会得到完全不同的优化结果。因此，在进行优化设计之前，应对各约束函数进行充分的分析，对这种灵敏度相差很大的约束条件进行适当的尺度变换。例如，某设计变量的边界约束为 $x_i^L \leqslant x_i \leqslant_i^H$（$x_i$代表第i个设计变量），则该约束条件可写为

$$g_1(\boldsymbol{X}) = x_i^L - x_i \leqslant 0$$
$$g_2(\boldsymbol{X}) = x_i - x_i^H \leqslant 0$$

为了保证约束条件 $g_1(\boldsymbol{X})$、$g_2(\boldsymbol{X})$ 与其他各个约束条件具有相近的数量级，可将这两个约束条件分别除以各自函数中的极限边界值 x_i^L 和 x_i^H（常数），使 $g_1(\boldsymbol{X})$、$g_2(\boldsymbol{X})$ 的函数值均接近于0~1。所以，上述两个约束条件可改为

$$g_1(\boldsymbol{X}) = 1 - x_i / x_i^L - \leqslant 0$$
$$g_2(\boldsymbol{X}) = x_i / x_i^H - 1 \leqslant 0$$

例如，对于等式约束函数：

$$h_1(\boldsymbol{X}) = x_1 + x_2 - 2 = 0$$
$$h_2(\boldsymbol{X}) = 10^6 x_1 - 0.9 \times 10^6 x_2 - 10^5 = 0$$

对于迭代点 $\boldsymbol{X}^{(k)} = [1.1 \quad 1.0]^{\mathrm{T}}$，其约束函数值分别为 $h_1(\boldsymbol{X}) = 0.1$，$h_2(\boldsymbol{X}) = 10^5$，实际最优点为 $\boldsymbol{X}^* = [1 \quad 1]^{\mathrm{T}}$。$h_1(\boldsymbol{X})$和$h_2(\boldsymbol{X})$的灵敏度可表示为

$$\nabla h_1(\boldsymbol{X}) = [1 \quad 1]^{\mathrm{T}},\ \nabla h_2(\boldsymbol{X}) = \begin{bmatrix}10^6 & -0.9 \times 10^6\end{bmatrix}^{\mathrm{T}}$$

很明显，由于两约束函数数量级相差很大，因此其灵敏度差距很大。如果对 $h_2(\boldsymbol{X})=0$ 进行尺度变换处理，则约束函数变为

$$h_2'(\boldsymbol{X}) = h_2(\boldsymbol{X}) / 10^6 = x_1 - 0.9x_2 - 0.1 = 0$$

迭代点 $\boldsymbol{X}^*=[1.1 \quad 1.0]^{\mathrm{T}}$的约束函数值分别为 $h_1(\boldsymbol{X}) = 0.1$，$h_2'(\boldsymbol{X})=0.1$。最优点不变，仍是 $\boldsymbol{X}^*=[1 \quad 1]^{\mathrm{T}}$。而约束函数的灵敏度则变为

$$\nabla h_1(\boldsymbol{X}) = [1 \quad 1]^{\mathrm{T}},\ \nabla h_2(\boldsymbol{X}) = [1.0 \quad -0.9]^{\mathrm{T}}$$

可以看到，将约束函数进行尺度变换后，其灵敏度差距就变得很小，这对于优化过程的搜索迭代是十分有利的。例如，在机械设计中，对于强度、刚度等性能约束（$\sigma \leqslant [\sigma]$，$f \leqslant [f]$等），约束条件都可以转换为如下形式：

$$g_1(\boldsymbol{X}) = \sigma / [\sigma] - 1 \leqslant 0$$
$$g_2(\boldsymbol{X}) = f / [f] - 1 \leqslant 0$$

这种把约束函数值限定在0~1之间的约束称为规格化约束。尽管在设计变量改变时规格化的约束条件的灵敏度依然存在差异，但对于解决问题仍能起到一定的改善作用。实践证明，设计变量的无量纲化、约束条件的规格化和改变目标函数的性态等方法，能够加快优化设计的收敛速度、提高计算的稳定性和数值变化的敏感性，并且为通用优化程序的编制提供便利。

3.3 优化设计的理论基础

研究任何一个优化方法都离不开初始点 $\boldsymbol{x}^{(0)}$ 的选取、搜寻方向$\boldsymbol{S}$的确定以及步长 α 的确定。换句话说，初始点 $\boldsymbol{x}^{(0)}$ 、搜寻方向$\boldsymbol{S}$以及步长 α 为优化方法的三要素。而尤以搜寻方向$\boldsymbol{S}$为关键，它是优化方法特性以及优劣的根本标志。不同的优化方法取不同的方向$\boldsymbol{S}$，它是一个矢量，在n维优化方法中，$\boldsymbol{S}=\begin{bmatrix}S_1 & S_2 & \cdots & S_n\end{bmatrix}^{\mathrm{T}}$。以下说明产生搜寻方向的数学理论基础。

3.3.1 函数的最速下降方向

从二维目标函数的等值线上可以大致看出函数的变化情况，而三维及三维以上的等值面很难用几何图形表示出来。在这种情况下，为了确切表达函数在某一点的变化性态，则应用微分的方法进行具体分析。

3.3.1.1 方向导数

导数是描写函数变化率的一个量。

设有连续可微的n维目标函数$F(\boldsymbol{x})$，

$$\boldsymbol{x}=\begin{bmatrix}x_1 & x_2 & \cdots & x_n\end{bmatrix}^{\mathrm{T}}$$

$F(\boldsymbol{x})$在某一点$\boldsymbol{x}^{(k)}$的一阶偏导数为

$$\frac{\partial F\left(\boldsymbol{x}^{(k)}\right)}{\partial x_1},\frac{\partial F\left(\boldsymbol{x}^{(k)}\right)}{\partial x_2},\cdots,\frac{\partial F\left(\boldsymbol{x}^{(k)}\right)}{\partial x_n} \tag{3-3-1}$$

它们分别表示函数$F(\boldsymbol{x})$在点$\boldsymbol{x}^{(k)}$沿各坐标轴方向的变化率。

以二维函数$F(\boldsymbol{x})$为例：从$\boldsymbol{x}^{(k)}$点，沿某方向S（k）(与O_{x1}，O_{x2}轴夹角分别为α_1，α_2）前进到点$\boldsymbol{x}=\begin{bmatrix}x_1^{(k)}+\Delta x_1 & x_2^{(k)}+\Delta x_2\end{bmatrix}^{\mathrm{T}}$，其增量为

$$\Delta\boldsymbol{S}=\boldsymbol{x}-\boldsymbol{x}^{(k)}=\begin{bmatrix}\Delta x_1 & \Delta x_2\end{bmatrix}^{\mathrm{T}}$$

其模为

$$\|\Delta\boldsymbol{S}\|=\Delta S$$

$$\Delta S=\sqrt{\left(\Delta x_1\right)^2+\left(\Delta x_2\right)^2}$$

函数$F(\boldsymbol{x})$在$\boldsymbol{x}^{(k)}$点沿$\boldsymbol{S}$方向的方向导数为

$$\begin{aligned}
\frac{\partial F\left(\boldsymbol{x}^{(k)}\right)}{\partial \boldsymbol{S}}&=\lim_{\Delta S\to 0}\frac{F\left(x_1^{(k)}+\Delta x_1,x_2^{(k)}+\Delta x_2\right)-F\left(x_1^{(k)},x_2^{(k)}\right)}{\Delta S}\\
&=\lim_{\substack{\Delta x_1\to 0\\ \Delta x_2\to 0}}\left[\frac{F\left(x_1^{(k)}+\Delta x_1,x_2^{(k)}\right)-F\left(x_1^{(k)},x_2^{(k)}\right)}{\Delta x_1}\bullet\frac{\Delta x_1}{\Delta S}\right.\\
&\qquad\left.+\frac{F\left(x_1^{(k)},x_2^{(k)}+\Delta x_2\right)-F\left(x_1^{(k)},x_2^{(k)}\right)}{\Delta x_2}\bullet\frac{\Delta x_2}{\Delta S}+\frac{\varepsilon}{\Delta S}\right]\\
&=\frac{\partial F\left(\boldsymbol{x}^{(k)}\right)}{\partial x_1}\bullet\cos\alpha_1+\frac{\partial F\left(\boldsymbol{x}^{(k)}\right)}{\partial x_2}\bullet\cos\alpha_2
\end{aligned}$$

或记为

$$F_s'\left(\boldsymbol{x}^{(k)}\right)=F_{x_1}'\left(\boldsymbol{x}^{(k)}\right)\cdot\cos\alpha_1+F_{x_2}'\left(\boldsymbol{x}^{(k)}\right)\cdot\cos\alpha_2$$

方向导数 $F_s'\left(\boldsymbol{x}^{(k)}\right)$ 表示函数 $F(\boldsymbol{x})$ 在 $\boldsymbol{x}^{(k)}$ 点沿S方向的变化率。在图3–14中，过O、$x^{(k)}$两点连线所竖立的垂直平面与函数 $F(\boldsymbol{x})$ 曲面交线于mm，该曲线在k点的斜率即为函数 $F(\boldsymbol{x})$ 沿S的方向导数。

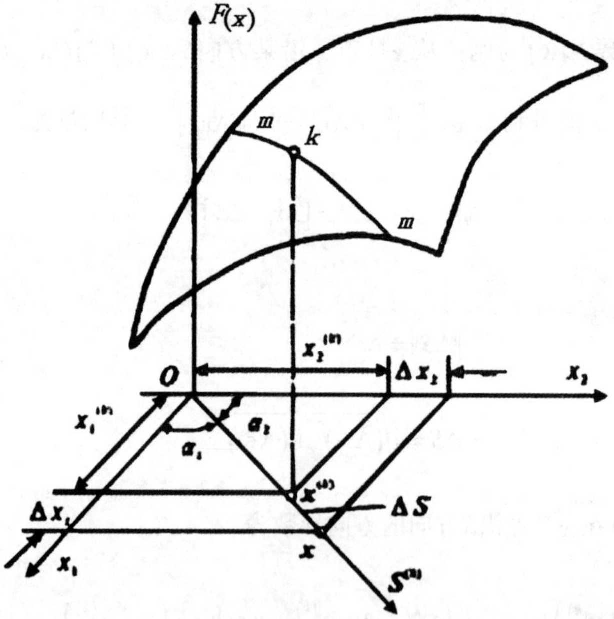

图3–14 函数方向导数

推广到n维函数，$F(\boldsymbol{x})$ 在点$\boldsymbol{x}$（k）$=[x_1\ x_2\ ...\ x_n]^T$沿$\boldsymbol{S}$的方向导数：

$$F_s'\left(\boldsymbol{x}^{(k)}\right)=F_{x_1}'\left(\boldsymbol{x}^{(k)}\right)\cdot\cos\alpha_1+F_{x_2}'\left(\boldsymbol{x}^{(k)}\right)\cdot\cos\alpha_2+\cdots+F_{x_n}'\left(\boldsymbol{x}^{(k)}\right)\cdot\cos\alpha_n \quad (3\text{–}3\text{–}2a)$$

式中，α_1，α_2，…，α_n为方向S与各坐标轴的夹角。称$\cos\alpha_1$，$\cos\alpha_2$，…，$\cos\alpha_n$ 为矢量$\boldsymbol{S}$的方向余弦。式（3–3–2a）可简写为

$$\frac{\partial F\left(\boldsymbol{x}^{(k)}\right)}{\partial \boldsymbol{S}^{(k)}}=\sum_{i=1}^{n}\frac{\partial F\left(\boldsymbol{x}^{(k)}\right)}{\partial x_i}\bullet\cos\alpha_i \tag{3-3-2b}$$

或者

$$F_s'\left(\boldsymbol{x}^{(k)}\right)=\left[F_{x_1}'\left(\boldsymbol{x}^{(k)}\right)\ F_{x_2}'\left(\boldsymbol{x}^{(k)}\right)\ \cdots\ F_{x_n}'\left(\boldsymbol{x}^{(k)}\right)\right]\begin{bmatrix}\cos\alpha_1\\ \cos\alpha_2\\ \vdots\\ \cos\alpha_n\end{bmatrix} \tag{3-3-2c}$$

定义矢量：

（1）
$$\nabla F\left(\boldsymbol{x}^{(k)}\right)=\left[\frac{\partial F\left(\boldsymbol{x}^{(k)}\right)}{\partial x_1}\ \frac{\partial F\left(\boldsymbol{x}^{(k)}\right)}{\partial x_2}\ \cdots\ \frac{\partial F\left(\boldsymbol{x}^{(k)}\right)}{\partial x_n}\right]^{\mathrm{T}} \tag{3-3-3}$$

为函数 $F(\boldsymbol{x})$ 在点 $\boldsymbol{x}^{(k)}$ 的梯度，记作 $\mathrm{grad}\,F\left(\boldsymbol{x}^{(k)}\right)$，简记为 ∇F，它是一个矢量。

∇F 矢量的模为

$$\|\nabla F\|=\sqrt{\sum_{i=1}^{n}\left(\frac{\partial F\left(\boldsymbol{x}^{(k)}\right)}{\partial x_i}\right)^2} \tag{3-3-4}$$

（2）
$$\boldsymbol{S}^{(k)}=\left[\cos\alpha_1\ \ \cos\alpha_2\cdots\cos\alpha_n\right]^{\mathrm{T}} \tag{3-3-5}$$

它是方向 $\boldsymbol{S}$ 的单位矢量，其模为

$$\left\|\boldsymbol{S}^{(k)}\right\|=\sqrt{\sum_{i=1}^{n}\cos^2\alpha_i}=1$$

于是可将方向导数式（3-3-2c）写为

$$\frac{\partial F\left(\boldsymbol{x}^{(k)}\right)}{\partial \boldsymbol{S}^{(k)}}=\left[\nabla F\left(\boldsymbol{x}^{(k)}\right)\right]^{\mathrm{T}}\boldsymbol{S}^{(k)}$$

用记号$\left(\widehat{\nabla F,\boldsymbol{S}}\right)$表示矢量$\nabla F$与$S$之间的夹角，则式（3-3-2c）表示的方向导数又可写为

$$\begin{aligned}\frac{\partial F}{\partial \boldsymbol{S}}&=\|\nabla F\|\cdot\left\|\boldsymbol{S}^{(k)}\right\|\cdot\cos\left(\widehat{\nabla F,\boldsymbol{S}}\right)\\&=\|\nabla F\|\cdot\cos\left(\widehat{\nabla F,\boldsymbol{S}}\right)\end{aligned}\tag{3-3-6}$$

3.3.1.2 函数的最速下降方向

函数$F(\boldsymbol{x})$在$\boldsymbol{x}^{(k)}$点变化率的值取决于方向$\boldsymbol{S}$，不同的方向变化率大小不同。由式（3-3-6）可见，$-1\leqslant\cos\left(\widehat{\nabla F,\boldsymbol{S}}\right)\leqslant 1$，当方向$\boldsymbol{S}$与梯度$\nabla F$（$\boldsymbol{x}^{(k)}$）矢量方向一致时，则方向导数达到$\frac{\partial F}{\partial \boldsymbol{S}}$最大值，即函数的变化率最大，其值为梯度的模，$\nabla F$梯度在优化设计中具有重要的作用，以下说明它的几个特征。

（1）梯度是在设计空间里的一个矢量。该矢量∇F的方向是指向函数的最速上升方向，即在梯度方向函数的变化率为最大。

（2）函数在某点的梯度矢量指出了该点极小邻域内函数的最速上升方向，因而只具有局部性。函数在其定义域范围内的各点都对应着一个确定的梯度。就是说，不同点x的最速上升方向不同。

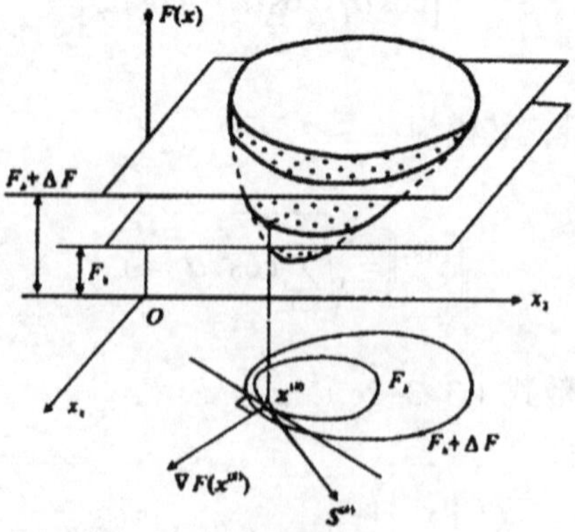

图3-15 函数梯度与等值线关系

（3）函数最速下降方向，在优化设计理论中占有重要地位。显见，函数负梯度 $-\nabla F\left(\boldsymbol{x}^{(k)}\right)$ 方向必为函数最速下降方向。

不同的设计点，函数 $F(\boldsymbol{x})$ 具有各自的最速下降方向。

（4）函数 $F(\boldsymbol{x})$ 在 $\boldsymbol{x}^{(k)}$ 点的梯度矢量是函数等值线（面）在该点的法矢量。以二维函数 $F(\boldsymbol{x})$ 为例予以说明，如图3–15所示。取函数值为 F_k 及 $F_k+\Delta F$，等值线是 x_1Ox_2 平面上相对应的两条曲线，过等值线 F_k 上的一点 $\boldsymbol{x}^{(k)}$，沿 $\boldsymbol{S}$ 方向的方向导数为

$$\frac{\partial F\left(\boldsymbol{x}^{(k)}\right)}{\partial \boldsymbol{S}}=\lim_{|\Delta S|\to 0}\frac{\Delta F}{\|\Delta \boldsymbol{S}\|} \tag{3-3-7}$$

对于上面两条等值线，函数的增量为定值 ΔF，而过 $\boldsymbol{x}^{(k)}$ 点的最大方向导数必沿着等值线间距离最短的方向，即沿着 $\|\Delta \boldsymbol{S}\|$ 最小的方向，必为过 $\boldsymbol{x}^{(k)}$ 点等值线的法线方向。由此可见，函数在 $\boldsymbol{x}^{(k)}$ 点的梯度矢量必为函数等值线上过该点的法矢量。

在优化设计中，如果函数 $F(\boldsymbol{x})$ 不能用解析法求导，则可用数值差分法进行计算，求得梯度的各分量。

3.3.2　共轭方向

共轭方向是指由若干个方向矢量组成的方向组，各方向具有某种共同的性质，它们之间存在着特定的关系。共轭方向的概念在优化方法研究中占有重要的地位。

首先我们以二元二次函数为例说明共轭方向的概念。设二元二次函数：

$$F(\boldsymbol{x})=\frac{1}{2}\boldsymbol{x}^{\mathrm{T}}A\boldsymbol{x}+B^{\mathrm{T}}\boldsymbol{x}+C \tag{3-3-8}$$

式中，$A=\begin{bmatrix} a_{11} & a_{12} \\ a_{21} & a_{22} \end{bmatrix}$ 为 2×2 阶对称正定矩阵：

$$\boldsymbol{x}=\left[x_1\ \ x_2\right]^{\mathrm{T}};B=\left[b_1\quad b_2\right]^{\mathrm{T}}$$

函数 $F(\boldsymbol{x})$ 的梯度为

$$\nabla F(\boldsymbol{x})=A\boldsymbol{x}+B \tag{3-3-9}$$

由于函数 $F(\boldsymbol{x})$ 中的A矩阵对称正定，所以它的等值线是一簇椭圆，如图3–16所示。

按任意给定的方向$\boldsymbol{S}_1$，做 $F(\boldsymbol{x})=F_1$与 $F(\boldsymbol{x})=F_2$两条等值线的切线，该两条切线当然是互为平行，其切点分别为$\boldsymbol{x}^{(1)}$，$\boldsymbol{x}^{(2)}$。连接两切点构成新的矢量，记作：

$$\boldsymbol{S}_2=\boldsymbol{x}^{(2)}-\boldsymbol{x}^{(1)}$$

对于函数 $F(\boldsymbol{x})$，矢量$\boldsymbol{S}_1$与$\boldsymbol{S}_2$存在何种关系呢？函数 $F(\boldsymbol{x})$ 在点$\boldsymbol{x}^{(1)}$，$\boldsymbol{x}^{(2)}$处的梯度，按式（3–3–9）得

$$\begin{aligned}\nabla F\left(\boldsymbol{x}^{(1)}\right)&=A\boldsymbol{x}^{(1)}+B\\ \nabla F\left(\boldsymbol{x}^{(2)}\right)&=A\boldsymbol{x}^{(2)}+B\end{aligned} \tag{3-3-10}$$

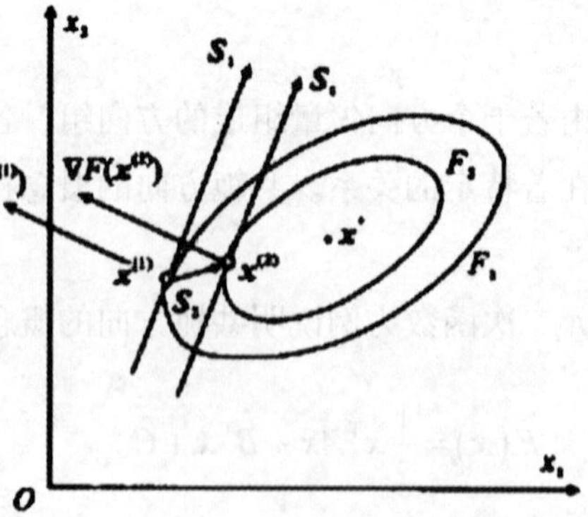

图3–16　二元二次正定函数共轭方向

将上两式相减，有

$$\nabla F\left(\boldsymbol{x}^{(2)}\right)-\nabla F\left(\boldsymbol{x}^{(1)}\right)=A\left(\boldsymbol{x}^{(2)}-\boldsymbol{x}^{(1)}\right)=A\boldsymbol{S}_2 \tag{3-3-11}$$

按梯度的特性，梯度是等值线的法矢量，所以$\boldsymbol{x}^{(1)}$，$\boldsymbol{x}^{(2)}$点的梯度必与矢量$\boldsymbol{S}_1$相垂直。因正交矢量的点积为零，故有

$$\boldsymbol{S}_1^{\mathrm{T}}\nabla F\left(\boldsymbol{x}^{(1)}\right)=0,\boldsymbol{S}_1^{\mathrm{T}}\nabla F\left(\boldsymbol{x}^{(2)}\right)=0$$

或写成

$$\boldsymbol{S}_1^{\mathrm{T}}\left[\nabla F\left(\boldsymbol{x}^{(2)}\right)-\nabla F\left(\boldsymbol{x}^{(1)}\right)\right]=0$$

将式（3–3–11）代入上式，有

$$\boldsymbol{S}_1^{\mathrm{T}}A\boldsymbol{S}_2=0$$

综上所述，两个二维矢量$\boldsymbol{S}_1$与$\boldsymbol{S}_2$，对于2×2阶对称正定矩阵$\boldsymbol{A}$，如果能满足式（3–3–11），则称矢量$\boldsymbol{S}_1$与$\boldsymbol{S}_2$对A共轭。

推广到n维设计空间里，若有两个n维矢量$\boldsymbol{S}_1$，$\boldsymbol{S}_2$，对$n\times n$阶对称正定矩阵$\boldsymbol{A}$能满足：

$$\boldsymbol{S}_1^{\mathrm{T}}A\boldsymbol{S}_2=0 \tag{3-3-12a}$$

称n维空间矢量$\boldsymbol{S}_1$与$\boldsymbol{S}_2$对$\boldsymbol{A}$共轭，可记作：

$$\left\langle\boldsymbol{S}_1,\boldsymbol{S}_2\right\rangle_A=0 \tag{3-3-12b}$$

共轭矢量所代表的方向称为共轭方向。

由二元二次函数例子可以看出，给定的正定矩阵$\boldsymbol{A}$所对应的一组共轭矢量（$\boldsymbol{S}_1$与$\boldsymbol{S}_2$）不是唯一的，这是因为$\boldsymbol{S}_1$矢量的选取具有任意性。但不论$\boldsymbol{S}_1$矢

量如何选取，而与$\boldsymbol{S}_1$矢量相共轭的$\boldsymbol{S}_2$矢量之间必定满足式（3-3-12a）所代表的关系。因而，对于同一对称正定矩阵$\boldsymbol{A}$，可以根据需要取不同的对$\boldsymbol{A}$共轭的方向组。

在两个矢量相共轭的基础上，定义共轭矢量，如下：

设A为$n \times n$阶实对称正定矩阵，有一组非零的n维矢量$\boldsymbol{S}_1, \boldsymbol{S}_2, \cdots, \boldsymbol{S}_q$，若满足：

$$\boldsymbol{S}_i^{\mathrm{T}} \boldsymbol{A} \boldsymbol{S}_j = 0, i \neq j \tag{3-3-13}$$

则称矢量系$\boldsymbol{S}_{\mathrm{i}}$（$i$=1，2，⋯，$q \leqslant n$）对于矩阵$\boldsymbol{A}$共轭。

3.4 优 化 过 程

3.4.1 优化问题的图解

为有助于建立优化设计的基本概念，增加感性认识，现将有关设计变量、目标函数及约束条件最优解（最小点$\boldsymbol{X}^*$，最小值$f\left(\boldsymbol{X}^*\right)$）之间的关系用几何图形予以描述。

$$\begin{cases} \min f\left(\boldsymbol{X}\right) = x_1^2 + x_2^2 - 4x_1 + 4 = \left(x_1 - 2\right)^2 + x_2^2 \\ \text{s.t.} g_1\left(\boldsymbol{X}\right) = -x_1 + x_2 - 2 \leqslant 0 \\ \quad g_2\left(\boldsymbol{X}\right) = x_1^2 - x_2 + 1 \leqslant 0 \\ \quad g_3\left(\boldsymbol{X}\right) = -x_3 \leqslant 0 \end{cases}$$

这是一个二维约束非线性优化的设计问题。我们应先确定其设计空间，

再考查其目标函数 $f(\boldsymbol{X})$。显然，我们可以在三维空间内绘出目标函数的几何图形。它为一上凹（下凸）的旋转抛物面，抛物面的顶点位于$\boldsymbol{X}=[x_1\ x_2]^{\mathrm{T}}=[2\ 0]^{\mathrm{T}}$，此点的函数值 $f(\boldsymbol{X})=0$，如图3–17所示。如果不考虑约束条件，即求 $f(\boldsymbol{X})$ 的无约束极小值，则旋转抛物面的顶点$\boldsymbol{X}=[2\ 0]^{\mathrm{T}}$ 为极小值点，极小值为 $f(\boldsymbol{X}^*)=0$。一般来说，无约束优化问题的极值点处于目标函数等值线的中心，称为自然极值点。

如果考虑约束条件，在二维设计空间内，各约束线确定一个约束可行域。画出目标函数的一簇等值线，如图3–17所示，它是以顶点（2，0）为圆心的一簇同心圆。根据等值线与可行域的相互关系，我们在约束可行域内寻找目标函数的极小值点的位置。显然，约束最优点为约束边界与目标函数等值线的切点（起作用约束），约束极值点 $\boldsymbol{X}^*=[0.58\quad 1.34]^{\mathrm{T}}$，最优值为 $f(\boldsymbol{X}^*)=3.812$。

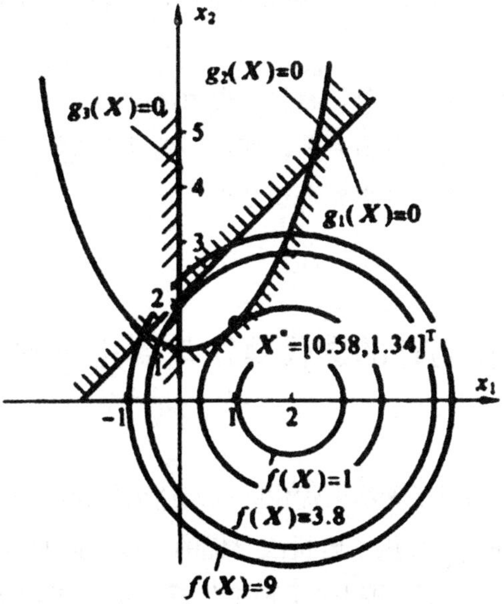

图3–17 图解法

图解法只适用于一些简单的优化问题。对于$n>2$的约束优化问题，就难以进行直观的几何描述，但可以这样理解n维约束优化问题：在n个设计变量所构成的设计空间内，由m个不等式约束超曲面组成一个可行域D，优化的任务即是在D内找出目标函数值最小的点。对于约束优化问题来说，最小点一定落在某个约束边界上，是该约束边界与目标函数等值超曲面的切点。

3.4.2 优化设计的步骤

用优化设计方法解决工程问题大体需进行下列四大步骤。

（1）建立数学模型：将工程问题的设计参数、设计目标、设计要求用数学公式表达出来。

（2）选用适当的优化方法：依据是优化问题的性质及目标函数、约束函数的性态，约束、无约束，线性、非线性，离散或连续，设计变量的个数等。要求对优化方法有透彻的了解，不同的优化方法适于解决何种类型的问题。

（3）编写程序，上机运算，直至求得最优解。

（4）对输出结果进行分析判断，如果不满足工程设计要求，则应对以上三步进行检查或修正，以期得到理想结果。

3.4.3 优化问题的迭代算法与终止准则

以上从理论上探讨了无约束优化问题及约束优化问题的最优解的求法及最优解存在的条件。它提供了解析法寻优的手段，同时也为构造优化方法、分析寻优过程中出现的问题提供了理论依据。但由于在实际工程优化问题中，目标函数及约束函数大多都是非线性的，有时对它们进行解析（求导）运算是十分困难的，甚至是不可能的，所以在实践中仅能解决小型和简单的问题，对于大多数工程实际问题是无能为力的。随着电子计算机技术的发展，为优化设计提供了另一寻优途径——数值迭代法，它是优化设计问题的基本解法，是真正实用的寻优手段。

3.4.3.1 数值迭代法

数值迭代法是一种近似的优化算法，它是根据目标函数的变化规律，以适当的步长沿着能使目标函数值下降的方向，逐步向目标函数值的最优点进行探索，最终逼近到目标函数的最优点或直至达到最优点。

下面以二维优化问题为例来说明数值迭代法的基本思想。如图3-18所示，首先选择一个初始点 $\boldsymbol{X}^{(0)}$，从 $\boldsymbol{X}^{(0)}$ 出发，按照某种方法确定一个使目标函数值下降的可行方向，沿该方向走一定的步长 α_0，得到一个新的设计点 $\boldsymbol{X}^{(1)}$，$\boldsymbol{X}^{(1)}$ 与 $\boldsymbol{X}^{(0)}$ 的函数值应满足下降关系：

$$f\left(\boldsymbol{X}^{(0)}\right) > f\left(\boldsymbol{X}^{(1)}\right)$$

然后，再以 $\boldsymbol{X}^{(1)}$ 为出发点，采用相同的方法，得到第二个点 $\boldsymbol{X}^{(2)}$；重复以上步骤，依次得到点 $\boldsymbol{X}^{(3)}$，$\boldsymbol{X}^{(4)}$，…，$\boldsymbol{X}^{(n)}$，直至得到一个近似最优点 $\boldsymbol{X}^{*}$，它与理论最优点的近似程度应满足一定的精度要求。

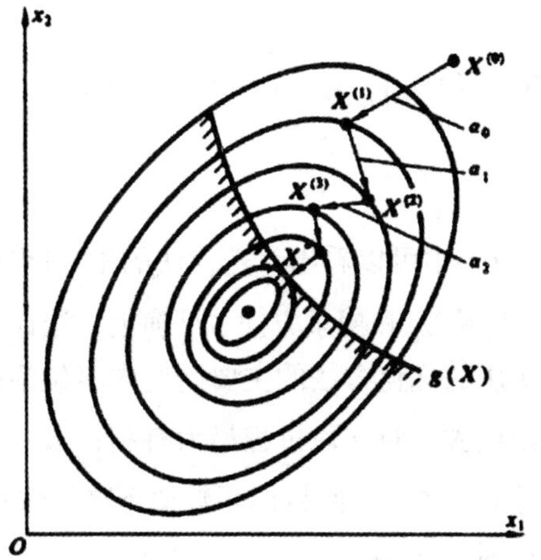

图3-18 数值迭代过程

形象来说，数值迭代法的基本思想就是“瞎子下山法”，由一点 $\boldsymbol{X}^{(k)}$ 出发，先找出一个使目标函数值下降最快的方向 $\boldsymbol{S}^{(k)}$，再沿 $\boldsymbol{S}^{(k)}$ 方向搜索，找出使目标函数值达到最小所走的最优步长 α_k。

3.4.3.2 数值迭代法的迭代格式

为了优化过程的顺利进行及便于计算机编程，我们通常选用一种适用于反复计算的迭代格式：

$$\boldsymbol{X}^{(k+1)} = \boldsymbol{X}^{(k)} + \alpha_k \boldsymbol{S}^{(k)} \quad (k = 0,1,\cdots,n) \tag{3-4-1}$$

式中，$\boldsymbol{X}^{(k+1)}$ 为第k次迭代所得的新设计点（终点），也是下一次（k+1次）迭代的出发点；第一次迭代时，$\boldsymbol{X}^{(k+1)} = \boldsymbol{X}^{(1)}$；$\boldsymbol{X}^{(k)}$ 为第k次迭代的出发点，也是上一次（k-1次）迭代所得的终点：初始迭代（k=0）时，$\boldsymbol{X}^{(k)} = \boldsymbol{X}^{(0)}$；$\boldsymbol{S}^{(k)}$ 为第k次迭代的搜索方向（寻优方向）；α_k 为第k次迭代的搜索步长（或称步长因子、最优步长等）。

在一系列的迭代过程中，各迭代点的目标函数值应满足如下的递减关系：

$$f\left(\boldsymbol{X}^{(0)}\right) > f\left(\boldsymbol{X}^{(1)}\right) > \cdots > f\left(\boldsymbol{X}^{(k)}\right) > f\left(\boldsymbol{X}^{(k+1)}\right) > \cdots$$

且 $\left\{\boldsymbol{X}^{(k)}\right\} \in D,\ k = 0,1,2,\cdots$。

从迭代格式（3-4-1）中可以看出，迭代法的中心问题是求步长因子 α_k 及最优方向 $\boldsymbol{S}^{(k)}$。只要步长 α_k 和搜索方向 $\boldsymbol{S}^{(k)}$ 确定，迭代过程就可以一直延续下去。由此可知，实用的优化方法的主要研究内容包括以下三个方面。

（1）如何选取初始点 $\boldsymbol{X}^{(0)}$ 对迭代过程最为有利；

（2）如何选取寻优方向 $\boldsymbol{S}^{(k)}$，使目标函数值下降最快；

（3）如何选取步长因子 α_k。

3.4.3.3　数值迭代法的终止准则

从理论上说，任何一种迭代法都可以产生无穷的点序列 $\left\{\boldsymbol{X}^{(k)}\right\}$，$k=0,1,2,\cdots,n$，而且只要迭代是收敛的，当$k\to\infty$时，应有 $\boldsymbol{X}^{(k)}\to\boldsymbol{X}^*$，即 $\lim\limits_{x\to\infty}\boldsymbol{X}^{(k)}=\boldsymbol{X}^*$。而在实际优化过程中，不可能也不必要迭代无穷多次，只要迭代点在满足一定精度条件下接近最优点，就可终止迭代。同时注意到，在迭代寻优过程中，极值点 $\boldsymbol{X}^*$ 也是未知的，因此只能借助于相邻两个迭代点的误差来代替迭代点与极值点的误差。

判断搜索过程中的迭代点与极值点近似程度的方法称为终止准则。终止准则通常有以下三种。

（1）迭代点的梯度的模充分小。根据前述可知，无约束极值点的必要条件为 $\nabla f\left(\boldsymbol{X}^*\right)=0$，则当

$$\left\|\nabla f\left(\boldsymbol{X}^{(k)}\right)\right\|=\sqrt{\sum_{i=1}^{n}\left(\frac{\partial f\left(\boldsymbol{X}^{(k)}\right)}{\partial x_i}\right)}\leqslant\varepsilon_1$$

可认为 $\boldsymbol{X}^*=\boldsymbol{X}^{(k)}$。此准则适用于无约束优化问题。

（2）相邻迭代点之间的距离充分小。相邻两个迭代点之间的距离小于给定精度，当

$$\left\|\boldsymbol{X}^{(k+1)}-\boldsymbol{X}^{(k)}\right\|=\sqrt{\sum_{i=1}^{n}\left(x_i^{(k+1)}-x_i^{(k)}\right)^2}\leqslant\varepsilon_2$$

此时不存在可行下降方向，可认为 $\boldsymbol{X}^*=\boldsymbol{X}^{(k+1)}$。

（3）相邻两个迭代点的目标函数值的下降量或相对下降量充分小。

当

$$\left\|f\left(\boldsymbol{X}^{(k+1)}\right)-f\left(\boldsymbol{X}^{(k)}\right)\right\|\leqslant\varepsilon_3$$

或者

$$\left\|\frac{f\left(\boldsymbol{X}^{(k+1)}\right)-\nabla f\left(\boldsymbol{X}^{(k)}\right)}{\nabla f\left(\boldsymbol{X}^{(k)}\right)}\right\| \leqslant \varepsilon_4$$

可认为 $\boldsymbol{X}^* = \boldsymbol{X}^{(k+1)}$。

以上各式中的 ε_1、ε_2、ε_3、ε_4 是具有不同物理意义的精度值，可根据工程实际问题对精度的要求及迭代方法而定。这三种准则都在一定程度上从不同侧面反映了达到最优点的程度，但大都有一定的局限性。采用哪种终止准则，可视具体情况而定。在实际应用中，常将一个或多个终止准则同时使用，以确保所得的最优解的可靠性。

思 考 题

（1）简述优化问题的极值条件。

（2）简述优化设计的数学模型及理论基础。

（3）简述优化过程的问题图解及步骤。

第4章

机械可靠性优化设计的理论基础

在机械设计中应用现代化的新技术，可以提高机械产品的性能和质量，也可以促进机械制造行业更好地发展。为了提高机械设计的水平，我们需要引进先进的理念和科学技术，还要增强设计人员的创新意识。本章主要对机械可靠性优化设计的相关理论进行阐述。

4.1 可靠性优化设计

优化设计和可靠性优化设计都是传统设计的发展，并已在实践中产生了良好的效果。优化设计是按常规设计准则，加上数学规划方法，运用计算机工具寻找最佳设计。由于规划原理和先进算法的引入，该方法在理想（无变异）情况下的解好于传统设计方法。但对那些变异大的情况，其解并非最优，甚至较差。

可靠性优化设计力图克服上述缺点，在设计准则上引入基于随机变量的可靠性准则。在数学分析上运用规划方法和计算机工具，全面、客观地体现工程设计的本质要求，是一种更先进、更有实用价值的新型设计方法。优化设计、可靠性优化设计统称为现代设计方法。现代设计方法与传统设计方法有密切联系，但各有长短。可靠性优化设计的精度最高，但计算量最大。传统设计精度不够高，但它最简单。在实践中应针对问题的特点和要求，灵活地结合几种方法运用。例如，在减速器设计中，关键部件（如齿轮、轴）按可靠性优化设计，较重要的轴承用可靠性设计，而一些次要部件可用传统设计。

可靠性优化设计主要包括下列三个方面的问题。

（1）以可靠度和功能参数为约束条件，以经济成本为目标函数建立优化数学模型，寻求最佳设计。

（2）以经济成本和功能参数为约束，以可靠度为目标寻求最佳设计。

（3）以产品限定可靠度为约束，最佳地安排各子系统可靠度，使产品的经济费用达到最小。

传统的确定性优化设计问题的数学模型可以表示为

$$\left.\begin{array}{l}\underset{d}{\operatorname{Min}}\, C(\boldsymbol{d}) \\ \text{s.t.}\begin{cases}L_i(\boldsymbol{d}) \leqslant 0, & i=1,2,\cdots,r \\ \boldsymbol{d}^L \leqslant \boldsymbol{d} \leqslant \boldsymbol{d}^U,\ \boldsymbol{d} \in R^{n_d}\end{cases}\end{array}\right\} \tag{4-1-1}$$

式中，$C(\boldsymbol{d})$为优化的目标函数，一般为费用、质量等，$L_i(\boldsymbol{d})$为第i个约束函数，r为约束函数的个数，$\boldsymbol{d}$为设计变量，$\boldsymbol{d}^U$和$\boldsymbol{d}^L$分别为设计变量取值范围的上界和下界。

在基于不确定性的优化设计中，涉及不确定性的量有两类：①影响目标性能的随机输入变量，在优化模型中以$\boldsymbol{X}$来表达；②设计变量，在优化模型中以$\boldsymbol{d}$来表达，它既可以是确定性变量，也可以是随机输入变量的统计数字特征，如随机输入变量的均值等。

典型的可靠性优化设计的模型将可靠性要求结合到优化问题的约束内，即在满足一定的结构系统可靠性要求下，通过调整结构参数使结构的重量或费用最小，其具体的数学模型为

$$
\left.\begin{array}{l}
\underset{d}{\operatorname{Min}}\, C(\boldsymbol{d}) \\
\text{s.t.}\begin{cases}
P\{g_i(\boldsymbol{X},\boldsymbol{d}) \leqslant 0\} \leqslant P_{f_i}^*, & i=1,2,\cdots,m \\
h_j(\boldsymbol{d}) \leqslant 0, & j=1,2,\cdots,M \\
\boldsymbol{d}^L \leqslant \boldsymbol{d} \leqslant \boldsymbol{d}^U, & \boldsymbol{d} \in R^{n_d}
\end{cases}
\end{array}\right\} \tag{4-1-2}
$$

式中，$P\{\cdot\}$是概率算子，$\boldsymbol{X}$是随机输入变量，$g_i(\boldsymbol{X},\boldsymbol{d})$是第$i$个功能函数，$P_{f_i}^*$是第$i$个失效概率约束，$h_j(\cdot)$是第$j$个确定性约束函数，$m$是概率约束的个数，$M$是确定性约束的个数，$n_d$是设计变量$\boldsymbol{d}$的个数。一般情况下，在可靠性优化设计中认为$g_i(\boldsymbol{X},\boldsymbol{d}) \leqslant 0$的区域为失效域，而在稳健性优化设计中可以进行等价变换，即通过$l_i(\boldsymbol{X},\boldsymbol{d}) = -g_i(\boldsymbol{X},\boldsymbol{d})$将$g_i(\boldsymbol{X},\boldsymbol{d}) \leqslant 0$的区域转化为$l_i(\boldsymbol{X},\boldsymbol{d}) \geqslant 0$的区域，通常情况下稳健性优化设计中失效域的定义为$l_i(\boldsymbol{X},\boldsymbol{d}) \geqslant 0$。因此，式（4-1-2）亦可以为

$$
\left.\begin{array}{l}
\underset{d}{\operatorname{Min}}\, C(\boldsymbol{d}) \\
\text{s.t.}\begin{cases}
P\{l_i(\boldsymbol{X},\boldsymbol{d}) \geqslant 0\} \leqslant P_{f_i}^*, & i=1,2,\cdots,m \\
h_j(\boldsymbol{d}) \leqslant 0, & j=1,2,\cdots,M \\
\boldsymbol{d}^L \leqslant \boldsymbol{d} \leqslant \boldsymbol{d}^U, & \boldsymbol{d} \in R^{n_d}
\end{cases}
\end{array}\right\} \tag{4-1-3}
$$

在可靠性优化设计中，亦可以将结构的可靠度要求结合到优化问题的目标函数内，即在一定的结构重量或费用约束条件下，通过调整结构参数使结构的可靠度最大。本书主要介绍第一种模型，即将失效概率作为优化问题的约束条件。

按照可靠性优化设计的结构系统，既能定量给出产品在使用中的可靠性，又能得到产品的功能、参数匹配、结构尺寸与重量、成本等方面参数的最优解。

目前，可靠性优化的方法主要有工程迭代法、双层法、单层法以及解耦法。

工程迭代法是一种适用于工程问题分析的近似求解方法，主要通过最优解条件建立相应的迭代格式，对可靠性优化设计的最优解进行逐步逼近。

双层法是将可靠性分析嵌套在优化过程中，属于嵌套优化过程。内层求解可靠性，外层通过优化求得在可靠性约束下的最低（最轻）费用（质量）。

单层法的目标是将可靠性优化设计中的嵌套优化过程转换成单层优化过程，它主要利用等价的最优条件来避免双层法中的内层可靠性分析过程。第1类单层法将概率可靠性分析直接整合到优化设计过程中形成单一的优化问题，第2类单层法将概率分析和设计优化按次序排列成一个循环。

解耦法是将内层嵌套的可靠性分析与外层的优化设计进行分离，将可靠性优化问题中包含的概率约束进行显式近似，从而将不确定性优化问题转化成一般的确定性优化问题，进而可以采用常规的确定性优化算法来进行求解。最直接的解耦方法是在进行优化前预先求得失效概率函数，将预先求得的失效概率函数代入可靠性优化模型中，直接将不确定性优化等价转化为一个确定性优化问题，且在等价转化的确定性优化分析中无须再进行可靠性的分析。

4.1.1 可靠性优化设计的工程化方法

可靠性优化设计的工程迭代法主要包括解析方法和近似解析法。

4.1.1.1 解析方法

若可以在可靠性优化设计前得到可靠性与所需设计的变量$\boldsymbol{d}$的解析关系或近似解析关系，即$P_f(\boldsymbol{d})=s(\boldsymbol{d})$，则可靠性优化模型可表示为

$$\left.\begin{array}{l}\underset{d}{\operatorname{Min}}\, C(\boldsymbol{d}) \\ \text{s.t.}\begin{cases}s(\boldsymbol{d})\leqslant P_{f_i}^{*}, & i=1,2,\cdots,m \\ \boldsymbol{d}^{L}\leqslant\boldsymbol{d}\leqslant\boldsymbol{d}^{U},\ \boldsymbol{d}\in R^{n_d}\end{cases}\end{array}\right\} \tag{4-1-4}$$

通过解析过程，失效概率函数被解析为设计变量的显式函数，再通过式

（4-1-4）的优化模型求得满足可靠性约束下的最优设计。为简化表达，在约束条件中我们不考虑确定性约束 $h_j(\boldsymbol{d})(j=1,2,\cdots,m)$。

以受拉杆的可靠性设计为例，对解析法做以简单说明。

例4-1 （受拉杆结构）受拉杆是一种最简单的结构零件，如图4-1所示。设受拉杆的截面是圆形的，由于制造偏差，直径d为正态随机变量；作用在杆上的拉力P也为随机变量，且服从正态分布；杆的材料为铝合金棒材，其抗拉强度R也是服从正态分布的随机变量。随机变量的分布参数为μ_P=28000N，σ_P=4200N，μ_R=483N/mm^2，σ_R=13N/mm^2。要求杆的可靠度约束为 P_r^* =0.9999。且已知杆的破坏是受拉断裂引起的。设计满足规定可靠度下的最小的杆的直径，其中，$d\sim N\left(\mu_d,\sigma_d^2\right)$，$\sigma_d\sim V_d\cdot\mu_d$，$V_d$ 为d的变异系数，在本算例中 V_d =0.005。

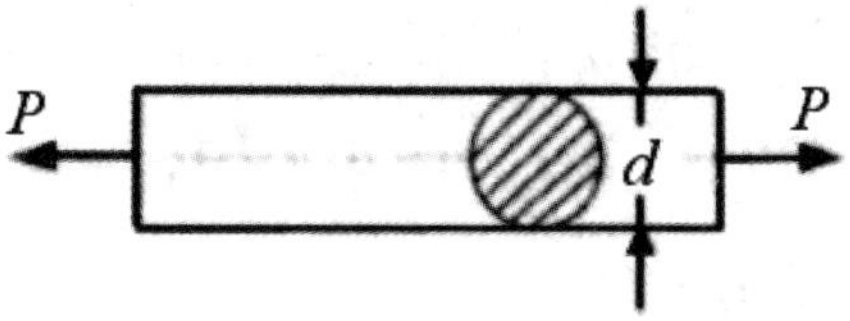

图4-1 受拉杆结构

（1）优化模型

该算例中，杆的直径d为正态随机变量且已知其变异系数V_d=0.005，因此实际的设计变量应该为d的均值μ_d。另外，由于杆的破坏是受拉断裂而引起的，因此其可靠性分析的功能函数为杆的强度R和杆截面应力S的函数，即

$$g(R,S)=R-S \tag{4-1-5}$$

由材料力学可知，杆的截面上的应力S与杆所受拉力P以及杆的直径d的关系为

$$S=\frac{P}{A}=\frac{4P}{\pi d^2} \tag{4-1-6}$$

将式（4–1–6）在随机变量的均值点处进行泰勒级数展开，仅取泰勒级数展开的常数项及线性项作为式（4–1–6）的近似，则有

$$S \approx \frac{4\mu_P}{\pi\mu_d^2} + \frac{4}{\pi\mu_d^2}(P-\mu_P) - \frac{8\mu_P}{\pi\mu_d^3}(d-\mu_d) \tag{4–1–7}$$

根据式（4–1–7）可解析出应力的均值μ_S和标准差σ_S的近似表达式，其分别为

$$\left.\begin{aligned} \mu_S &\approx \frac{4\mu_P}{\pi\mu_d^2} + \frac{4}{\pi\mu_d^2}(P-\mu_P) - \frac{8\mu_P}{\pi\mu_d^3}(d-\mu_d) \\ \sigma_S^2 &\approx \left(\frac{4}{\pi\mu_d^2}\right)^2 \sigma_P^2 + \left(\frac{8\mu_P}{\pi\mu_d^3}\right)^2 \sigma_d^2 \\ &= \frac{16}{\pi^2\mu_d^4}\left(\sigma_P^2 + 4V_d^2\mu_P^2\right) = \frac{16}{\pi^2\mu_d^4}\left(\sigma_P^2 + 10 - 4\times\mu_P^2\right) \end{aligned}\right\} \tag{4–1–8}$$

该算例的优化模型为

$$\left.\begin{aligned} &\text{Find} \quad \mu_d \\ &\text{Min} \quad \mu_d \\ &\text{s.t.} \quad P\{g(R,S)>0\} \geqslant 0.9999 \end{aligned}\right\} \tag{4–1–9}$$

（2）用均值一次二阶矩法进行优化设计模型的求解

依据均值一次二阶矩法的基本原理，将应力和强度的均值和方差代入可靠性指标的求解公式中，可以得到可靠度指标的计算式 $\beta = \dfrac{\mu_R - \mu_S}{\sqrt{\sigma_R^2 + \sigma_S^2}}$，根据标准正态分布表，查得设计杆要求的可靠度 P_r^* =0.9999相对应的可靠度指标β^*值为3.72。由于优化模型中约束条件取等号时，可以得到最小的杆直径均值 μ_d，因此根据$\beta \approx \beta^*$建立如下所示的方程，该方程可求得该算例优化模型的最优解。

$$\beta=\frac{\mu_R-\mu_S}{\sqrt{\sigma_R^2+\sigma_S^2}}=\frac{483-\dfrac{4\times 28\,000}{3.14\times\mu_d^2}}{\sqrt{13^2+\dfrac{16}{3.14^2\times\mu_d^4}\left(4200^2+10-4\times 28\,000^2\right)}}=\beta^*=3.72$$

（4–1–10）

整理并化简式（4–1–10），得如下方程：

$$\mu_d^4-149.118\mu_d^2+3774.587=0 \tag{4–1–11}$$

对式（4–1–11）求解，得

$$\mu_d^2=32.3162\text{或}\mu_d^2=116.8016 \tag{4–1–12}$$

将式（4–1–12）的结果代入可靠度指标公式并验证，舍去使得 $\mu_S>\mu_R$ 的解，最终得

$$\left.\begin{aligned}\mu_d&=10.807\text{mm}\\ \sigma_d&=V_d\mu_d=0.005\times 10.807\text{mm}=0.054\text{mm}\end{aligned}\right\} \tag{4–1–13}$$

因此，该算例中最优的杆直径均值 $\mu_d=10.807\text{mm}$ ，考虑加工误差为 $\pm 3\sigma_d$ ，则杆直径为 $\mu_d\pm 3\sigma_d=(10.807\pm 0.162)\text{mm}$ 。

4.1.1.2　近似解析法

上述解析法主要针对设计变量与可靠性有解析关系的情况，采用均值一次二阶矩法来建立设计变量与可靠性之间的解析关系。本小节的近似解析法将引入改进的一次二阶矩法，对基于均值一次二阶矩的方法进行修正，主要针对单变量、单模式问题，具体模型为

$$
\left.\begin{aligned}
& k=1,2,\cdots \\
& g\left(\boldsymbol{x}^{(k+1)}\right)=0 \\
& \text{其中}\begin{cases}\boldsymbol{x}^{(k+1)}=\boldsymbol{\mu}_X^{(k)}+\boldsymbol{\lambda}^{(k)}\boldsymbol{\sigma}_X\beta^* \\ \boldsymbol{\lambda}^{(k)}=-\boldsymbol{\sigma}_X\nabla_X g\left(\boldsymbol{x}^{(k)}\right)/\left\|\boldsymbol{\sigma}_X\nabla_X g\left(\boldsymbol{x}^{(k)}\right)\right\|\end{cases}
\end{aligned}\right\} \tag{4-1-14}
$$

式中，矢量$\boldsymbol{\lambda}$是功能函数在标准正态空间中给定点处线性展开的一次项的系数向量，$\boldsymbol{\mu}_X$和$\boldsymbol{\sigma}_X$分别为输入随机变量的均值向量和标准差向量。本小节的近似解析法只考虑分布参数中有一个是待求的设计变量d的情况。在优化设计的迭代计算中，第k次迭代求得设计变量的值记为$d^{(k)}$，当$\left|d^{(k)}-d^{(k-1)}\right|\leqslant\varepsilon$（$\varepsilon$为设定的误差阈值）时，上述迭代求解过程结束。

4.1.2 可靠性优化设计的双层法

可靠性优化设计的双层法的思想：内层进行可靠性分析，外层进行最优设计变量的求解。双层法主要有可靠度指标法及功能测度法。

4.1.2.1 可靠度指标法

可靠性分析中，若采用基于数字模拟的样本法，则将会产生较大的计算量，而采用优化算法求解可靠度指标的计算量小于样本法的。基于此，可以将式（4–1–2）中的失效概率约束转化为可靠度指标约束。

若功能函数为$g_i\left(\boldsymbol{X},\boldsymbol{d}\right)$，则基于可靠度指标法的可靠性优化模型为

$$\left.\begin{aligned}&\underset{d}{\operatorname{Min}}\,C(\boldsymbol{d})\\&\text{s.t.}\begin{cases}\beta_{ig}(\boldsymbol{d})\geqslant\beta_i^*, & i=1,2,\cdots,m\\h_j(\boldsymbol{d})\leqslant 0, & j=1,2,\cdots,M\\\boldsymbol{d}^L\leqslant\boldsymbol{d}\leqslant\boldsymbol{d}^U,\ \boldsymbol{d}\in R^{n_d}\end{cases}\end{aligned}\right\}\tag{4-1-15}$$

式中，$\beta_{ig}(\boldsymbol{X},\boldsymbol{d})$为根据功能函数$g_i(\boldsymbol{X},\boldsymbol{d})$所求得的可靠度指标函数，$\beta_i^*$为第$i$个功能函数的可靠度指标约束值。通过转换，随机变量$\boldsymbol{X}$转换为独立标准正态变量$\boldsymbol{U}$［即$\boldsymbol{U}=T(\boldsymbol{X})$］。可靠度指标可以通过如下优化模型求得

$$\left.\begin{aligned}&\underset{u}{\operatorname{Min}}\,C(\boldsymbol{u})\\&\text{s.t.}\,\bar{g}_i(\boldsymbol{u})=g_j\left(T^{-1}(\boldsymbol{u})\right)\leqslant 0\end{aligned}\right\}\tag{4-1-16}$$

式（4-1-16）的解　即为最可能失效点（亦称为“设计点”），因此可靠度指标可以通过下式计算，即

$$\beta_{ig}=\left\|\boldsymbol{u}_i^*\right\|\tag{4-1-17}$$

根据$P_{f_i}=\Phi(-\beta_{ig})$亦可求得失效概率，其中，$\Phi(\cdot)$是标准正态分布函数。

另外，考虑到可靠性优化设计中的约束条件与稳健性优化设计中的约束条件格式的关系令功能函数$l_i(\boldsymbol{X},\boldsymbol{d})=-g_i(\boldsymbol{X},\boldsymbol{d})$，则等价的失效域$l_i(\boldsymbol{X},\boldsymbol{d})\geqslant 0$，且$\beta_{il}(\boldsymbol{d})=-\beta_{ig}(\boldsymbol{d})$，此时，式（4-1-15）的模型可等价表示为

$$\left.\begin{aligned}&\underset{d}{\operatorname{Min}}\,C(\boldsymbol{d})\\&\text{s.t.}\begin{cases}\beta_{il}(\boldsymbol{d})\leqslant-\beta_i^*, & i=1,2,\cdots,m\\h_j(\boldsymbol{d})\leqslant 0, & j=1,2,\cdots,M\\\boldsymbol{d}^L\leqslant\boldsymbol{d}\leqslant\boldsymbol{d}^U,\ \boldsymbol{d}\in R^{n_d}\end{cases}\end{aligned}\right\}\tag{4-1-18}$$

式中，$\beta_{il}(\boldsymbol{d})$为根据功能函数$l_i(\boldsymbol{X},\boldsymbol{d})$所求得的可靠度指标，$\beta_i^*$为第$i$个可靠度指标约束。通过转换，随机变量$\boldsymbol{X}$转换到独立标准正态变量$U$。可靠度

指标可以通过以下优化模型求得，即

$$\left.\begin{aligned}&\underset{u}{\mathrm{Min}}\|\boldsymbol{u}\|\\&\text{s.t.}\,\overline{l}_i(\boldsymbol{u})=l_i\left(T^{-1}(\boldsymbol{u})\right)=-g_i\left(T^{-1}(\boldsymbol{u})\right)\geqslant 0\end{aligned}\right\}\tag{4-1-19}$$

式（4–1–19）的解 $\boldsymbol{u}_i^*$ 是最可能失效点，因此可靠度指标可以通过下式计算：

$$\beta_{il}=-\left\|\boldsymbol{u}_i^*\right\|\tag{4-1-20}$$

其中，$P\{l_i(\boldsymbol{X},d)\geqslant 0\}=\Phi(\beta_{il})$。

内层的可靠性求解可以采用矩方法，以避免式（4–1–16）或式（4–1–19）的优化过程，从而简化分析模型，提高分析效率。采用二阶矩代替式（4–1–16）中的优化，可建立式（4–1–15）的相应的可靠性优化模型：

$$\left.\begin{aligned}&\underset{d}{\mathrm{Min}}\,C(\boldsymbol{d})\\&\text{s.t.}\begin{cases}\beta_i^*\sigma_{g_i}-\mu_{g_i}\leqslant 0, & i=1,2,\cdots,m\\ h_j(\boldsymbol{d})\leqslant 0, & j=1,2,\cdots,M\\ \boldsymbol{d}^L\leqslant\boldsymbol{d}\leqslant\boldsymbol{d}^U, & \boldsymbol{d}\in R^{n_d}\end{cases}\end{aligned}\right\}\tag{4-1-21}$$

式中，μ_{g_i} 和 σ_{g_i} 为式（4–1–2）中第i个概率约束条件中功能函数 $g_i(\boldsymbol{X},\boldsymbol{d})$ 的均值和标准差。

若采用四阶矩代替式（4–1–16）中的优化，可建立式（4–1–15）相应的基于四阶矩可靠性优化模型：

$$\left.\begin{aligned}&\underset{d}{\mathrm{Min}}\,C(\boldsymbol{d})\\&\text{s.t.}\begin{cases}\beta_i^*\sqrt{\left(5\alpha_{3g_i}^2-9\alpha_{4g_i}+9\right)}\left(1-\alpha_{4g_i}\right)-3\left(\alpha_{4g_i}-1\right)\alpha_{1g_i}/\alpha_{2g_i}\\ -\alpha_{3g_i}\left(\alpha_{1g_i}^2/\alpha_{2g_i}^2-1\right)\leqslant 0, \quad i=1,2,\cdots,m\\ h_j(\boldsymbol{d})\leqslant 0, \qquad j=1,2,\cdots,M\\ \boldsymbol{d}^L\leqslant\boldsymbol{d}\leqslant\boldsymbol{d}^U, \qquad \boldsymbol{d}\in R^{n_d}\end{cases}\end{aligned}\right\}\tag{4-1-22}$$

式中，$\alpha_{kg_i}(k=1,2,3,4)$为式（4-1-2）中第i个概率约束条件中的前4阶中心矩（分别为均值、标准差、偏度和峰度）。

类似的，式（4-1-18）的基于二阶矩的可靠性优化模型为

$$\left.\begin{array}{l}\underset{d}{\operatorname{Min}}\, C(\boldsymbol{d}) \\ \text{s.t.}\begin{cases}\mu_{l_i}+\beta_i^* \sigma_{l_i} \leqslant 0, & i=1,2,\cdots,m \\ h_j(\boldsymbol{d}) \leqslant 0, & j=1,2,\cdots,M \\ \boldsymbol{d}^L \leqslant \boldsymbol{d} \leqslant \boldsymbol{d}^U, & \boldsymbol{d} \in R^{n_d}\end{cases}\end{array}\right\} \tag{4-1-23}$$

式中，μ_{l_i}和σ_{l_i}为式（4-1-3）中第i个概率约束条件中功能函数$l_i(\boldsymbol{X},\boldsymbol{d})$的均值和标准差。式（4-1-18）的基于四阶矩的可靠性优化模型为

$$\left.\begin{array}{l}\underset{d}{\operatorname{Min}}\, C(\boldsymbol{d}) \\ \text{s.t.}\begin{cases}\beta_i^* \sqrt{\left(5\alpha_{3l_i}^2-9\alpha_{4l_i}+9\right)}\left(1-\alpha_{4l_i}\right)+3\left(\alpha_{4l_i}-1\right)\alpha_{1l_i}/\alpha_{2l_i} & \\ +\alpha_{3l_i}\left(\alpha_{1l_i}^2/\alpha_{2l_i}^2-1\right) \leqslant 0, \ i=1,2,\cdots,m & \\ h_j(\boldsymbol{d}) \leqslant 0, & j=1,2,\cdots,M \\ \boldsymbol{d}^L \leqslant \boldsymbol{d} \leqslant \boldsymbol{d}^U, & \boldsymbol{d} \in R^{n_d}\end{cases}\end{array}\right\} \tag{4-1-24}$$

式中，$\alpha_{kl_i}(k=1,2,3,4)$为式（4-1-3）中第i个概率约束条件中功能函数$l_i(\boldsymbol{X},\boldsymbol{d})$的前4阶中心矩（分别为均值、标准差、偏度和峰度）。

4.1.2.2 功能测度法

在可靠度指标法中，当结构的失效概率是1或是0时，理论上相应的可靠度指标会是$-\infty$或$+\infty$。在优化过程中，如果出现$-\infty$或$+\infty$，就会使可靠度指标法产生奇异。为了避免优化过程出现奇异并增加优化过程的稳健性，以下将介绍功能测度法。

式（4-1-2）中的概率约束可以等价表示为

$$F_{g_i}(0) \leqslant \Phi(-\beta_i^*) \tag{4-1-25}$$

式中，$F_{g_i}(\cdot)$ 为第 i 个概率约束中功能函数的分布函数，且 $F_{g_i}(0) = P\{g_i(\boldsymbol{X},\boldsymbol{d}) \leqslant 0\}$。

对式（4-1-25）两边同时求逆，可得

$$F_{g_i}^{-1}(F_{g_i}(0)) \leqslant F_{g_i}^{-1}(\Phi(-\beta_i^*)) \tag{4-1-26}$$

即

$$0 \leqslant F_{g_i}^{-1}(\Phi(-\beta_i^*)) \tag{4-1-27}$$

令 $F_{g_i}^{-1}(\Phi(-\beta_i^*)) = G_i^P$，则式（4-1-2）可等价为

$$\left.\begin{aligned} &\underset{d}{\mathrm{Min}}\, C(\boldsymbol{d}) \\ &\text{s.t.}\begin{cases} G_i^P \geqslant 0, & i=1,2,\cdots,m \\ h_j(\boldsymbol{d}) \leqslant 0, & j=1,2,\cdots,M \\ \boldsymbol{d}^L \leqslant \boldsymbol{d} \leqslant \boldsymbol{d}^U,\ \boldsymbol{d} \in R^{n_d} \end{cases} \end{aligned}\right\} \tag{4-1-28}$$

式中，G_i^P 为目标可靠度指标 β_i^* 下的功能测度，其可以通过逆可靠性分析法求得，即如下优化过程：

$$\left.\begin{aligned} &\mathrm{Min}\ \ g_i(T^{-1}(\boldsymbol{u}|\boldsymbol{d})) \\ &\text{s.t.}\ \ \ \|\boldsymbol{u}\| = \beta_i^* \end{aligned}\right\} \tag{4-1-29}$$

其中，$\boldsymbol{u} = T(\boldsymbol{x}|\boldsymbol{d}), \boldsymbol{x} = T^{-1}(\boldsymbol{u}|\boldsymbol{d})$。$G_i^P$ 为 $\|\boldsymbol{u}\| = \beta_i^*$ 约束下 $g_i(T^{-1}(\boldsymbol{u}|\boldsymbol{d}))$ 的最小值。

可以看出不论结构的可靠性如何，G_i^P 总是一个有界的值。因此，从理论上来说，功能测度法较可靠度指标法在解决可靠性优化设计问题上更为稳健。

4.1.3　可靠性优化设计的单层法

单层法的目的是避免每一次外层寻优过程中内层费时的可靠性分析，这可以通过最优条件（Karush–Kuhn–Tucher条件）的方法将双层嵌套优化过程整合为一个优化过程来实现。下面介绍Chen等人在1997年建立的可靠性优化设计的单层法，其具体优化模型为

$$\left.\begin{array}{l}\underset{d}{\mathrm{Min}}\,C(\boldsymbol{d})\\ \text{s.t.}\begin{cases}g_i\left(\boldsymbol{d}^{(k)},\boldsymbol{x}_i^{(k)}\right)\geqslant 0, & i=1,2,\cdots,m\\ h_j\left(\boldsymbol{d}^{(k)}\right)\leqslant 0, & j=1,2,\cdots,M\end{cases}\\ \text{其中}\begin{cases}\boldsymbol{x}_i^{(k)}=\boldsymbol{\mu}_X^{(k)}+\boldsymbol{\lambda}_i^{(k)}\boldsymbol{\sigma}_X^{(k)}\beta_{i*}\\ \boldsymbol{\lambda}_i^{(k)}=-\boldsymbol{\sigma}_X^{(k)}\nabla_{\mathbf{x}}g_i\left(\boldsymbol{d}^{(k)},\boldsymbol{x}_i^{(k-1)}\right)/\left\|\boldsymbol{\sigma}_X^{(k)}\nabla_{\mathbf{x}}g_i\left(\boldsymbol{d}^{(k)},\boldsymbol{x}_i^{(k-1)}\right)\right\|\end{cases}\end{array}\right\}\qquad(4\text{-}1\text{-}30)$$

式中，$\begin{cases}\boldsymbol{x}_i^{(k)}=\boldsymbol{\mu}_X^{(k)}+\boldsymbol{\lambda}_i^{(k)}\boldsymbol{\sigma}_X^{(k)}\beta_{i*}\\ \boldsymbol{\lambda}_i^{(k)}=-\boldsymbol{\sigma}_X^{(k)}\nabla_{\mathbf{x}}g_i\left(\boldsymbol{d}^{(k)},\boldsymbol{x}_i^{(k-1)}\right)/\left\|\boldsymbol{\sigma}_X^{(k)}\nabla_{\mathbf{x}}g_i\left(\boldsymbol{d}^{(k)},\boldsymbol{x}_i^{(k-1)}\right)\right\|\end{cases}$为当功能函数的可靠度指标满足预先设定的可靠度指标约束时，根据一次二阶矩法计算出来的最可能失效点（设计点）$\boldsymbol{x}_i^{(k)}$。设计点$\boldsymbol{x}_i^{(k)}$处的功能函数值必须在可行域内，因此约束条件$g_i\left(\boldsymbol{d}^{(k)},\boldsymbol{x}_i^{(k)}\right)$需满足。$\boldsymbol{\mu}_X^{(k)}$为循环到第$k$次时随机变量的均值向量，$\boldsymbol{\sigma}_X^{(k)}$为循环到第$k$次时随机变量的标准差向量，$\nabla$为梯度算子，$\|\cdot\|$为模算子。

4.2 可靠度分配的方法及其优化

可靠度分配是将工程设计规定的系统可靠性指标合理地分配给组成该系统的各个单元，确定系统各组成单元的可靠性定量要求，从而保证整个系统的可靠性指标。本节先简单介绍了几种可靠度分配的方法，再结合例子重点阐述了可靠度分配的优化方法。

4.2.1 可靠度分配的方法

4.2.1.1 等同分配法

等同分配法是对系统中的全部单元配以相等的可靠度的方法，不考虑各个子系统的重要程度。在系统中各个单元的可靠度大致相同，复杂程度相差无几的情况下，用此方法最简单。

设各个单元的可靠度为R_i，系统可靠度为R_s，则按照等同分配法，组成系统的各个单元的可靠度如下。

（1）串联系统：

$$R_i(t)=\left[R_s(t)\right]^{\frac{1}{n}} \tag{4-2-1}$$

（2）并联系统：

$$R_i(t)=1-\left[1-R_s(t)\right]^{\frac{1}{n}} \tag{4-2-2}$$

（3）串并联系统：

如果利用等同分配法对串并联系统进行可靠度分配，就可先将串并联系统简化为等效单元，再给同级单元分配相同的可靠度。

4.2.1.2 相对失效率法

对系统中各单元按重要度分配不同的可靠度。其重要度定义为相对失效率 $\omega_i = \dfrac{\lambda_i}{\sum \lambda_i}$，$\lambda_s = \sum \lambda_i$，式中，$\lambda_i$ 为单元i的失效率，显然 $\sum \omega_i = 1$。设系统失效率 λ_s 为指数分布意义下的常数值，且系统串联，则

$$R_s(t) = \mathrm{e}^{-\lambda_s t} = \mathrm{e}^{-(\lambda_i/\omega_i)t} = \left(\mathrm{e}^{-\lambda_i t}\right)^{\frac{1}{\omega_i}}$$

即

$$\left.\begin{aligned} R_s(t) &= R_i(t)^{i/\omega_i} \\ R_i(t) &= R_s(t)^{\omega_i}, i = 1, 2, \cdots, n \end{aligned}\right\} \tag{4-2-3}$$

相当于将总可靠度 $R_s(t)$ 以不同的 ω_i 分配给各单元，相对是失效率大的单元被分配给高可靠度。

4.2.1.3 AGREE法

这种可靠度分配方法考虑了各单元的复杂性、重要度及工作时间等差别，它是由美国电子设备可靠性顾问团AGREE（advisory group on reliability of electronic equipment）提出的，所以称为AGREE法，它考虑了单元组件数 N_i，重要度 ω_i。单元运行时间 t_i 的影响，适用于各单元 λ_i 为常量且相互独立的串联系统，失效率分配公式和可靠度分配公式分别为

$$\left.\begin{aligned} \lambda_t &= \frac{-N_i \ln R_s(t)}{N \cdot \omega_i \cdot t_i}, i = 1, 2, \cdots, n \\ R_i(t_i) &= 1 - \frac{1 - \left(R_s(t)\right)^{N_i/N}}{\omega_i} \end{aligned}\right\} \tag{4-2-4}$$

式中，t为系统运行的时间；t_i为要求第i个单元运行的时间；N_i为第i个单元

的组件数；N为系统的总组件数；ω_i为第i个单元的重要度系数，$\omega_i=P$（系统失效，第i个单元失效）；$R_s(t)$为系统要求的可靠度。

4.2.2 可靠度分配的优化方法——动态规划法

可靠度指标涉及产品的耗材、耗能等成本因素，因此其分配应采用规划方法建立问题的费用函数、约束条件，选择适当的寻优方法，以得到具有最小费用的各单元可靠度。动态规划是解决多阶段决策过程中最优化问题的一种方法，它不同于求函数极值的微分法，它把问题分为几个阶段，利用一种递推关系依次做出最优决策，构成一个最优策略，使整个过程取得最优结果。

下面用一个最短路线问题的例子，说明动态规划的主要思想。如图4-2所示，求A到E的最短距离。各段路径距离已标于图上。

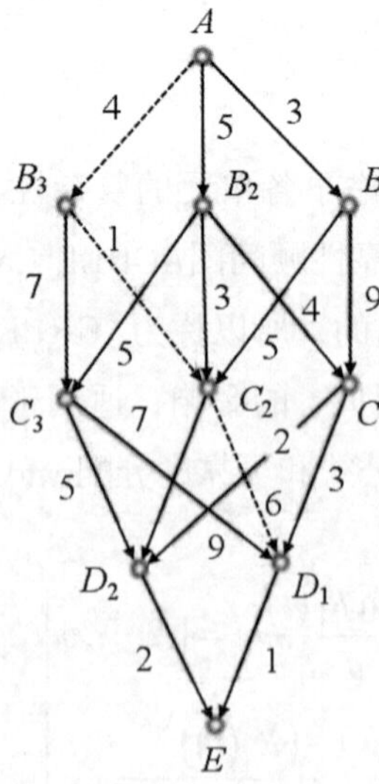

图4-2 距离图

决策（1）：D_i至E的最小距离为$f_1(D_1)=1$，$f_1(D_2)=2$。

决策（2）：C_i至E的最小距离为因有3个出发点，故有3个$d_{\min}$。

$$f_2(C_1)=\min\begin{Bmatrix} d(C_1,D_1)+f_1(D_1)=4+1 \\ d(C_1,D_2)+f_1(D_2)=2+2 \end{Bmatrix}=4$$

$$f_2(C_2)=\min\begin{Bmatrix} d(C_2,D_1)+f_1(D_1)=6+1 \\ d(C_2,D_2)+f_1(D_2)=9+2 \end{Bmatrix}=7$$

$$f_2(C_3)=\min\begin{Bmatrix} d(C_3,D_1)+f_1(D_1)=7+1 \\ d(C_3,D_2)+f_1(D_2)=5+2 \end{Bmatrix}=7$$

决策（3）：求B_i至E的最小距离，出发点为B_1，B_2，B_3。

$$f_3(B_1)=\min\begin{Bmatrix} d(B_1,C_1)+f_2(C_1)=9+4 \\ d(B_1,C_2)+f_2(D_2)=5+7 \end{Bmatrix}=12$$

$$f_3(B_2)=\min\begin{Bmatrix} d(B_2,C_1)+f_2(C_1)=4+4 \\ d(B_2,C_2)+f_2(C_2)=3+7 \\ d(B_2,C_3)+f_2(C_3)=5+7 \end{Bmatrix}=8$$

$$f_3(B_3)=\min\begin{Bmatrix} d(B_3,C_2)+f_2(C_2)=1+7 \\ d(B_3,C_3)+f_2(C_3)=7+7 \end{Bmatrix}=8$$

决策（4）：

$$f_4(A)=\min\begin{Bmatrix} d(A,B_1)+f_3(B_1)=3+12 \\ d(A,B_2)+f_3(B_2)=5+8 \\ d(A,B_3)+f_3(B_3)=4+8 \end{Bmatrix}=12$$

从而，d_{AE}（min）=12，最优路径为$A\to B_3\to C_2\to D_1\to E$。归纳本例，可知最小费用的递推关系为

$$f_n(S)=\min\left\{d\left[S,X_n(S)\right]+f_{n-1}\left[X_n(S)\right]\right\} \tag{4-2-5}$$

式中，S为状态变量，是决策步骤n的起始状态；$X_n(S)$为决策变量，是由状态S做出的上一步（$n-1$）所取的状态。$d\left[S,X_n(S)\right]$代表$S\to X_n(S)$所经历的距离。$f_{n-1}\left[X_n(S)\right]$为由$X_n(S)$起经$n-1$步到终点所经历的最短距离。

上面的例子可以看出，第一个决策$X_n(S)$有两种影响，即直接影响第一步的结果和影响其后$n-1$步的结果。最优策略是根据两者统一考虑的结果而决定的，具体实现上是用逐步递推的计算方法，可以逆推，也可以顺推，这就是动态规划的最优化原则和方法。

现将上述方法应用于可靠度分配。设有n个相互独立且串联的系统，R^*为系统的限定可靠度，R_i为单元原有可靠度，而与$d\left[S,X_n(S)\right]$相当的$G_i\left(R_i,R_i^*\right)$则代由$\boldsymbol{R}_i$提升至$R_i^*$所付出的费用，现欲求与最小费用$\sum G_i\left(R_1,R_i^*\right)$对应的$R_i^*$。

（1）作动态规划流程图，如图4-3所示。

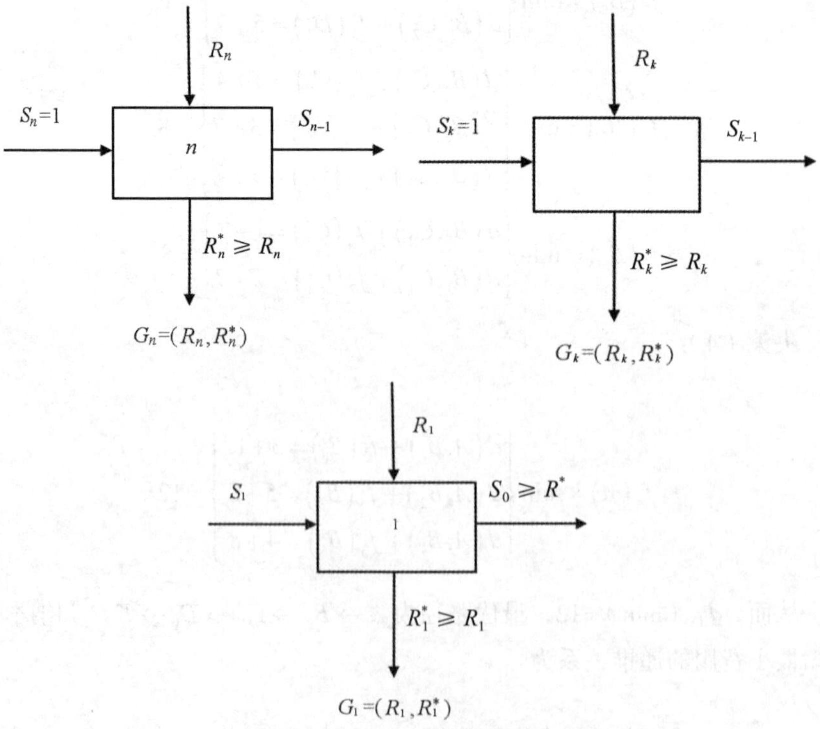

图4-3 动态规划流程图

（2）写出状态转移方程。在图4–3中，S_n表示第n阶段的输入变量，S_{n-1}表示第n阶段的输出变量。这个变量在满足整个系统可靠度的目标前提下，可以分配到单元或子系统的可靠度。有如下关系：

$$1 = S_n \geqslant S_{n-1} \geqslant \cdots S_k \geqslant S_{k-1} \geqslant \cdots S_1 \geqslant S_0 = R_s^*$$

每一阶段的输出变量与该阶段的输入变量和对该单元或子系统要求的可靠度有关。定义状态转换方程：

$$\left.\begin{array}{c} S_n R_n^* = S_{n-1} \\ \vdots \quad\quad \vdots \\ S_k R_k^* = S_{k-1} \\ \vdots \quad\quad \vdots \\ S_1 R_1^* = S_0 \end{array}\right\} \tag{4-2-6}$$

式中，$R_n^*,\cdots,R_k^*,\cdots,R_1^*$ 又称为状态转换方程中的控制变量。所以状态转换方程实际上是施加控制变量后，将输入状态变成输出状态的关系式。

（3）建立优化数学模型。

①目标函数：$\min\sum_{i=1}^{n} G_i\left(R_i, R_i^*\right)$

②约束条件：$\prod_{i=1}^{n} R_1^* = R_s^* \geqslant R^*, 0 \leqslant R_i \leqslant R_i^* < 1\left(i = 1, 2, \cdots, n\right)$

每一阶段的输入状态和控制变量，不仅决定了这个阶段的输出状态，而且又贡献于整个问题的目标函数。动态规划的一般方程式（4–2–3）表达了这个关系，故可写成如下形式，即最优化效应函数：

$$f_k\left(S_k\right) = \min\left[G\left(R_k, R_k^*\right) + f_{k-1}\left(S_{k-1}\right)\right] \tag{4-2-7}$$

式中，S_k 满足转移方程式（4–2–5）和$1 = S_n \geqslant S_{n-1} \geqslant \cdots \geqslant S_k \geqslant S_{k-1} \geqslant \cdots \geqslant S_1 \geqslant S_0 = R_s^*$。

例4–2　机组由3个独立的装置串联而成。现设计要求为 $R_s^* \geqslant 0.95$。求投资最小时，各装置应具有的可靠度 R_i^*，已知原有可靠度 $R_1=0.93$，$R_2=0.95$，$R_3=0.96$。投资费用见表4-1列。

表4-1 投资费用

R_1^*	$G_1\left(0.93,R_1^*\right)$	R_2^*	$G_2\left(0.95,R_2^*\right)$	R_3^*	$G_3\left(0.95,R_3^*\right)$
0.940	0.5				
0.950	1.0	0.950	0		
0.960	1.5	0.960	2	0.960	0
0.970	2.5	0.970	6	0.970	3
0.980	4.5	0.980	12	0.980	9
0.990	20.0	0.990	22	0.990	32
0.995	45.0	0.995	40	0.995	65

解 （1）绘制规划流程图，如图4-4所示。

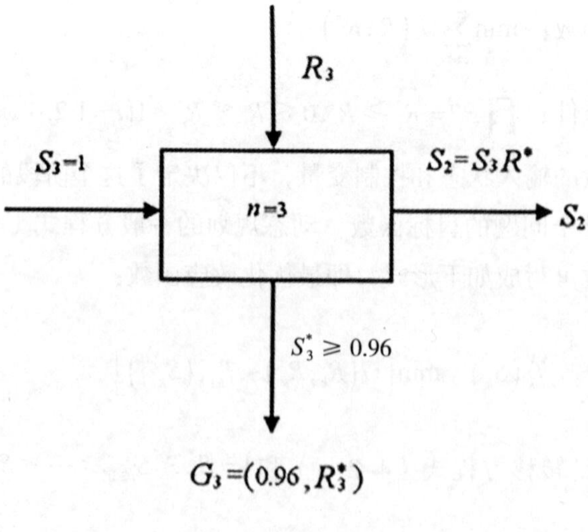

图4-4 规划流程图

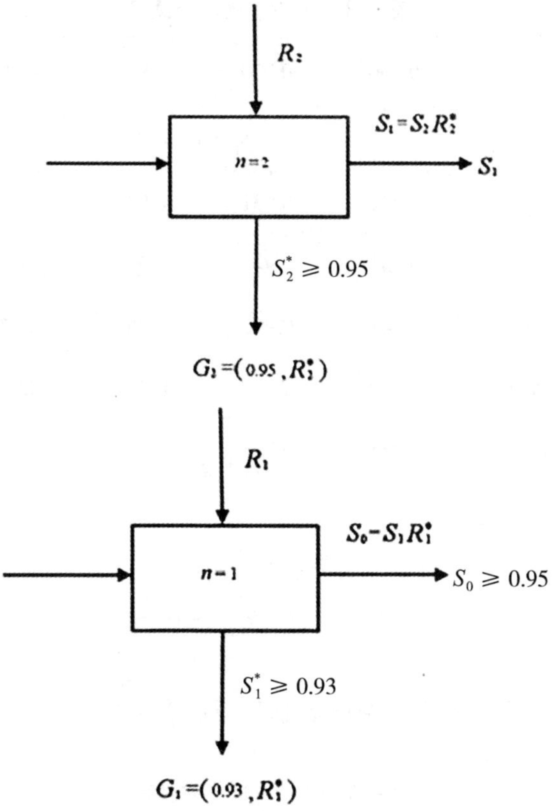

图4-4　规划流程图（续）

（2）计算各状态（转移）量S_k，见表4-2、表4-3所列。

在式（4-2-4）中取k=1，2，3，并注意各S_i的下限，小于此下限的S_i可空缺于各表中。

$$k=3,S_2=R_3^*S_3=R_3^*,1=R_3^*\geqslant 0.96$$

表4-2 （k=3）优化计算表

R_3^* S_3	0.960	0.970	0.980	0.990	0.995
1	$S_2=R_3^*S_3$				
	0.960	0.970	0.980	0.990	0.995

表4-3 （k=2）优化计算表

R_2^* S_2	0.950	0.960	0.970	0.980	0.990	0.995
	$S_1 = R_2^* S_2$					
0.960	0.912	0.922	0.931	0.941	0.950	0.955
0.970	0.922	0.931	0.941	0.951	0.960	0.965
0.980	0.931	0.941	0.951	0.960	0.970	0.975
0.990	0.941	0.950	0.960	0.970	0.980	0.985
0.995	0.945	0.955	0.965	0.975	0.985	0.990

故

$$k_1\text{：}\ S_0 = S_1 R_1^* \geqslant 0.95$$
$$S_1 \geqslant 0.95 / R_{1\max}^* = 0.955$$

故选列表4-4时应不考虑空白格中S_1，且$R_1^* \geqslant 0.93$。

表4-4 （k=1）优化计算表

R_2^* S_2	0.930	0.940	0.950	0.960	0.970	0.980	0.990	0.995
	$S_0 = R_1^* S_1 \geqslant 0.95$							
0.955								0.955
0.960							0.950	0.955
0.965						0.946	0.955	0.960
0.970						0.951	0.960	0.965
0.975					0.946	0.956	0.965	0.970
0.980					0.951	0.960	0.970	0.975
0.985				0.946	0.955	0.965	0.975	0.980
0.990				0.950	0.960	0.970	0.980	0.985

（3）优化计算：令k=1，2，3，代入式（4–2–5）。

k=1，有f_1（S_1）=min{G_1（0.93，R_1^*）+f_0（S_0）}。注意，f_0（S_0）=0，$R_1^*S_1 \geqslant 0.95$（$S_0 \geqslant 0.95$）。选k=1优化表时，S_1可直接由表4–4查得，而$R_1^* \geqslant 0.93$；但注意，若R_1^*=0.93，则$R_1^* \cdot S_{1\max}=0.93 \times 0.99<0.95$。同理，$R_1^*$=0.94皆使$R_1^* \cdot S_{1\max}<0.95$，故$R_1^*$=0.96，列表见表4–5。

表4–5 （k=1）优化计算表

R_1^* S_1	G_1（0.93，R_1^*）+f_0（S_0）					f_1（S_1）
	0.960	0.970	0.980	0.990	0.995	
0.955					45+0	45.0
0.960				20+0	45+0	20.0
0.965				20+0	45+0	20.0
0.970			4.5+0	20+0	45+0	4.5
0.975			4.5+0	20+0	45+0	4.5
0.980		2.5+0	4.5+0	20+0	45+0	2.5
0.985		2.5+0	4.5+0	20+0	45+0	2.5
0.990	1.5+0	2.5+0	4.5+0	20+0	45+0	1.5

表4–5中的值说明：

如果S_1=0.99，R_1^*=0.96，则$S_1 R_1^*$=0.9504>0.95，G_1（0.93，R_1^*）=G_1（0.93，0.96），f_0（S_1）=0。又如，任取G_1（0.93，0.98）=G_1（0.93，0.98）=4.5，用到了表4–1的投资费用。

如果k=2，则f_2（S_2）=min{G_2（0.95，R_2^*）+f_1（S_1）}。S_2可直接查表4-3，而R_2^*≥0.95，若R_2^*=0.95，则$R_2^* \cdot S_{2\max}$=0.95×0.995<0.95，不满足R_2^* S_2=S_1≥S_0≥0.95，故R_2^*取0.96~0.995，见表4-6所列。

表4-6 （k=2）优化计算表

R_2^* S_2	G_2（0.95，R_5^*）+f_1（S_1）					f_2（S_2）
	0.960	0.970	0.980	0.990	0.995	
0.960	0	0	0	22+20.0	40+45.0	85.0
0.970	0	0	0	22+4.5	40+20.0	42.0
0.980	0	0	12+20.0	22+4.5	40+4.5	26.5
0.990	0	6+20	12+4.5	22+2.5	40+2.5	16.5
0.995	2+45	6+20	12+4.5	22+2.5	40+1.5	16.5

如果k=3，则f_3（S_3）=min{G_3（0.96，R_3^*）+f_2（S_2）}，R_3^*≥0.96且S=1，列表见表4-7。

表4-7 （k=3）优化计算表

R_3^* S_3	G_3（0.96，R_3^*）+f_2（S_2）					f_3（S_3）
	0.960	0.970	0.980	0.990	0.995	
1	0+85.0	3+42.0	9+26.5	32+16.5	65+16.5	35.5

4.3 机械可靠性优化设计的意义与内容

4.3.1 机械可靠性优化设计的意义

任何一种机械产品，从建立初始方案到实施生产制造，均必须经过一个设计过程。随着科学技术的发展，新知识、新材料、新方法、新工艺、新技术不断涌现，机械产品的更新换代周期也日益缩短，知识成为技术、技术成为产品的时间越来越来短、结构越来越复杂，顾客对产品功能、性能、质量、服务要求也越来越高。这就要求加快设计过程、缩短设计周期、提升设计质量。再者，设计得完善与否，对产品的力学性能、使用价值、制造成本等都有决定性的影响，同时也必然影响使用产品企业的工作质量和经济效果。因此，如何提高设计质量、发展设计理论、改进设计技术、加快设计过程，已经成为当今机械设计必然的发展方向之一。

产品的最佳可靠性问题直接影响到国家资源与能源的合理利用，因为最佳可靠性设计可以得到体积小、质量轻、降低材料消耗和加工工时，并具有合理可靠性的产品。机械产品优化设计的目的是根据一组预定的要求或安全需要，以一种最优的形式实现产品。当然工程师在设计时既要考虑各种载荷的随机性，又要考虑结构参数的随机性以及二者对产品性能的影响。

目前，优化与可靠性技术在机械工程中的应用已深入结构设计、强度与寿命分析、选材和失效分析等各个领域中。如果在机械工程设计中应用可靠性与最优化设计技术，并规定明确的技术经济性与可靠性指标，就可获得产品最佳可靠性设计，如图4–5所示。

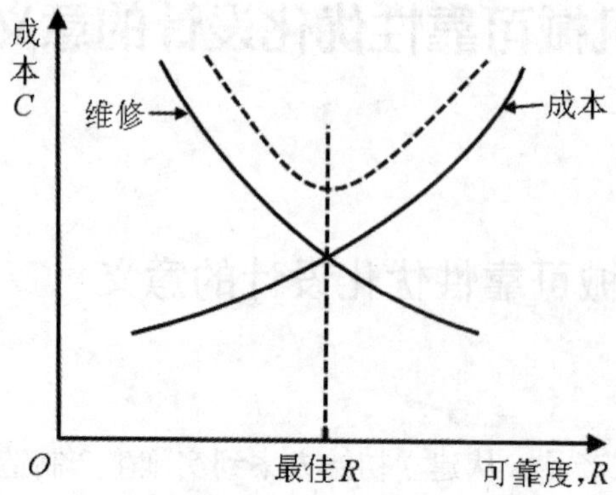

图4-5 最佳可靠度

近30年来，在机械设计领域中，出现了不少现代设计方法及相应的科学，现在可靠性设计和优化设计在理论上和方法上都达到了一定的水平，但是无论单方面进行可靠性设计还是优化设计，都不可能发挥可靠性设计与优化设计的巨大潜力。因为一方面，可靠性设计有时并不等于优化设计，如机械产品在经过可靠性设计后，并不能保证它的工作性能或参数就一定处于最佳状态；另一方面，优化设计并不一定包含可靠性设计，如机械产品在没有考虑可靠性的状态下进行优化设计后，并不能保证它在规定的条件下和规定的时间内，完成规定的功能，甚至发生故障和事故，造成损失。另外，由于机械产品有众多的设计参数，要同时确定多个设计参数，单纯的可靠性设计方法就显得无能为力了，因此应该进行可靠性优化设计的研究。可见，要使机械产品既保证具有可靠性要求，又保证具有最佳的工作性能和参数，必须将可靠性设计和优化设计有机地结合起来，开展可靠性优化设计研究，给出机械产品可靠性优化设计方法。

4.3.2 机械可靠性优化设计的内容

为了便于说明问题，这里仅以零件的可靠性与费用之间的关系为例说明零部件可靠度与最优化设计之间的关系，如图4–6所示。

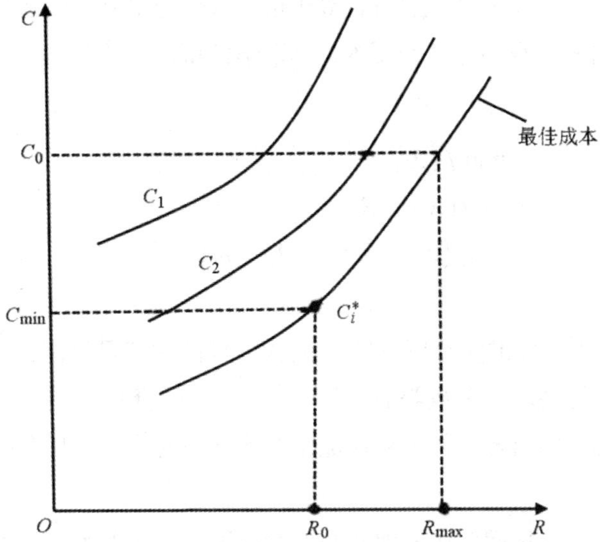

图4–6　可靠度与最优化设计之间的关系

由图4–6可知，若给定零件可靠度R_0，则可求得零件的最佳成本C_i^*；同理，若给定零件的成本C_0，则可求得零件的最大可靠度$R_{\max}$。故机械零、部件的可靠性优化方法可分为两类。

4.3.2.1　给定零件费用（或体积、重量、性能等）

要使零件的可偿度最大，就要使约束条件为零件费用。而目标函数为零件的可靠度，其数学模型可表达为

$$\left.\begin{aligned}&\max R(X)\\&\text{s.t.} f(X)\leqslant C_0\\&\quad g_u(X)\leqslant 0, u=1,2,\cdots,m\end{aligned}\right\}\qquad(4\text{-}3\text{-}1)$$

4.3.2.2 给定零件可靠度

要使零件费用（或体积、重量等）最小或性能最好，就要使约束条件为可靠度，而目标函数为零件费用等，其数学模型可表达为

$$\left.\begin{aligned}&\min f(X)\\&s.t.R(X)\geqslant R_0\\&\quad g_u(X)\geqslant 0,u=1,2,\cdots,m\end{aligned}\right\} \tag{4-3-2}$$

式中，$R(X)$为零件的实际可靠度；R_0为零件的预定可靠度；$f(X)$为零件费用函数或其他性能、参数等的函数；C_0为零件的预定成本。

下面举例说明机械零件可靠性优化设计方法的缺点及其在应用方面的局限性。

这里以普通圆柱螺旋压缩弹簧的可靠性优化设计为例。工程师在设计弹簧时，除选择材料及规定热处理方法外，通常，主要是根据最大工作载荷、最大变形、结构要求以及工作可靠性要求等来确定弹簧的钢丝直径d、中径D_2、工作圈数n、节距t或螺旋升角α和高度H等。一般取d、D_2和n为可靠性优化设计的设计变量，即

$$X=\begin{pmatrix}x_1\\x_2\\x_3\end{pmatrix}=\begin{pmatrix}d\\D_2\\n\end{pmatrix} \tag{4-3-3}$$

目标函数可根据弹簧的工作特点和对它的专门要求来建立。对于一般弹簧，通常以重量或钢丝体积最小作为最优化设计的目标，这时目标函数可表达为

$$f(X)=\frac{\pi^2}{4}d^2D_2n\gamma \tag{4-3-4}$$

式中，γ为弹簧钢丝材料的重度，γ=7.64×10^{-5}N/mm^3。

将 γ 值及式（4–3–3）代入上式，可得目标函数的表达式：

$$f\left(X\right)=0.18851\times10^{-3}x_1^2x_2x_3 \tag{4–3–5}$$

约束条件可根据对弹簧的工作可靠性要求、功能要求和结构限制等条件列出。

（1）满足弹簧强度可靠性要求

根据要求的可靠度水平R，查表可得Z_R。由应力–强度干涉理论，可得零件强度可靠度约束：

$$Z_R=\frac{\overline{\zeta}-\overline{s}}{\sqrt{\sigma_\zeta^2+\sigma_s^2}}$$

式中，$\overline{\zeta}$、σ_ζ 表示强度的均值与标准离差；s、　表示应力的均值及标准离差。

将上式写为约束方程：

$$g_1\left(X\right)=\frac{\overline{\zeta}-\overline{s}}{\sqrt{\sigma_\zeta^2+\sigma_s^2}}-Z_R\geqslant0 \tag{4–3–6}$$

（2）其他功能及结构限制等辅助约束

①刚度要求。根据弹簧刚度要求范围：$k_{\min}\leqslant k\leqslant k_{\max}$（$k=\dfrac{Gd^4}{8D_2^3n}$），得约束条件：

$$g_2\left(X\right)=\frac{Gx_1^4}{8x_2^3x_3}-k_{\min}\geqslant0 \tag{4–3–7}$$

$$g_3\left(X\right)=k_{\max}-\frac{Gx_1^4}{8x_2^3x_3}\geqslant0 \tag{4–3–8}$$

②稳定性要求：

$$b=\frac{H_0}{D_2}=\frac{nt+1.5d}{D_2}=0.5n+1.5\left(\frac{d}{D_2}\right)\leqslant b_e$$

式中，b_e为临界高径比，根据弹簧的支承方式不同而异；两端固定时$b_e = 5.3$；一端固定，一端铰支$b_e = 3.7$；两端铰支$b_e = 2.6$；$t \approx (0.28 \sim 0.5) D_2$。

得约束条件：

$$g_4(X) = 3.7 - \left(1.5\frac{x_1}{x_2} + 0.5x_3\right) \geqslant 0 \tag{4-3-9}$$

③共振性要求：

$$g_5(X) = f - 10f_r = 3.56 \times 10^5 \frac{x_1}{x_2^2 x_3} - 10f_r \geqslant 0 \tag{4-3-10}$$

④旋绕比要求。根据弹簧旋绕比要求范围$C_{\min} \leqslant C \leqslant C_{\max}\left(C = \dfrac{D_2}{d}\right)$，得约束条件：

$$g_6(X) = \frac{x_2}{x_1} - C_{\min} \geqslant 0 \tag{4-3-11}$$

$$g_7(X) = C_{\max} - \frac{x_2}{x_1} \geqslant 0 \tag{4-3-12}$$

⑤满足不并圈要求：

$$H_0 - \delta_{\max} \geqslant H_b$$

式中，H_0为弹簧自由高度；$\delta_{\max}$为弹簧在最大工作载荷$F_{\max}$下的变形量，$\delta_{\max} = \dfrac{8F_{\max}D_2^3 n}{Gd^4}$；$H_b$为弹簧并紧高度，当支承圈两端磨平时，$H_b \approx (n+1.5)d$，得约束条件：

$$g_8(X) = 0.4x_2x_3 - x_1x_3 - \frac{8F_{\max}x_2^3x_3}{Gx_1^4} \geqslant 0 \tag{4-3-13}$$

⑥弹簧钢丝产品尺寸规格限制为$d_{\min} \leqslant d \leqslant d_{\max}$，则约束条件：

$$g_9(X)=x_1-d_{\min}\geqslant 0$$

$$g_{10}(X)=d_{\max}-x_1\geqslant 0$$

⑦弹簧安装空间限制，而有

$$g_{11}(X)=x_2-D_{2\min}\geqslant 0$$

$$g_{12}(X)=D_{2\max}-x_2\geqslant 0$$

⑧弹簧工作圈数限制，而有

$$g_{13}(X)=x_3-n_{\min}\geqslant 0$$

$$g_{14}(X)=n_{\max}-x_3\geqslant 0$$

以上为按弹簧的可靠性优化设计所建立的数学模型，同时也说明了零件可靠性优化的具体设计方法。

实际上，参数d、D_2、n等，由于制造误差的影响，均为随机变量，故弹簧的刚度、压缩稳定性与振动稳定性等，其约束实际满足的概率值一般为0.5左右，即其可靠度约为0.5，远低于弹簧强度的可靠度。此外，其他辅助约束条件中的变量也是随机的，所以最优解X^*就有可能是可行域外的点。或者说，除强度约束外，其他某些约束条件就有可能得不到满足。这就说明了机械零件可靠性优化设计方法的缺点，但当某些设计问题中的设计变量可以近似地认为是确定性参数，而且零件的主要失效形式为强度或刚度失效时，上述方法还是可作为近似设计法来应用的。

在工程上，我们称上述方法为“机械零件的狭义可靠性优化设计方法”。如果在建立可靠性优化数学模型时，将所有约束条件中的可靠性或概率值均加以考虑，就需要建立概率优化设计模型，可称此种方法为“机械零件的广义可靠性优化设计方法”。本书将上述两种方法简称“机械零件的可靠性优化设计”。显然，在工程中引入概率优化设计，在许多情况下更具有重要意义，这是因为零件的安全可靠性增大了。而狭义可靠性优化设计只是广义可靠性优化设计的一个特例。

4.4 建立概率优化设计模型的方法

在工程设计问题中，许多参数都具有不确定性，即随机性，因此在优化设计的数学模型中的某些设计变量和参数会具有随机性质，这一点可以用随机模拟方法来得到验证。图4-7表示了二变量设计空间中的约束随机函数的某种分布关系。显然，在这种情况下设计点将因某种概率水平而得到满足，即

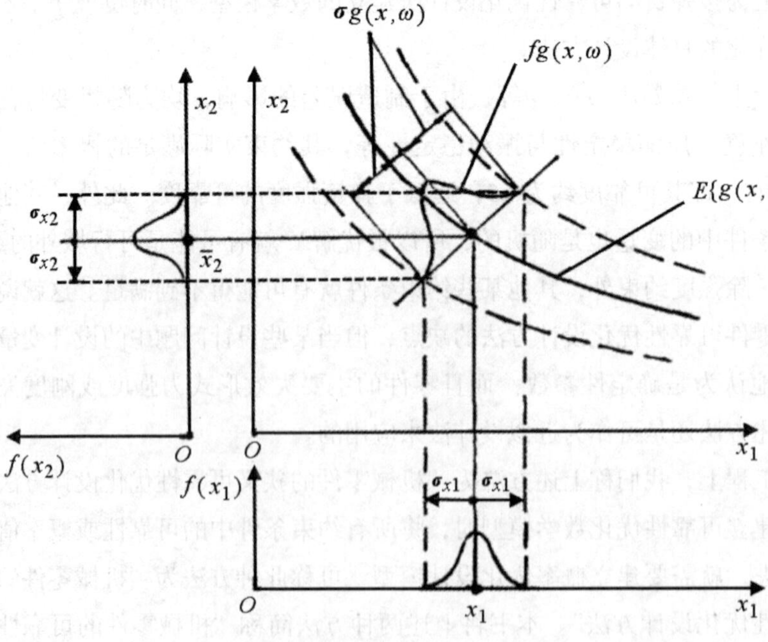

图4-7　二变量设计空间中随机变量和函数的关系

$$P\{g(X,\omega)\geqslant 0\}\geqslant a \tag{4-4-1}$$

式中，$g(X,\omega)$为约束随机函数；X为随机设计变量（或标准离差为零的确定性变量）；ω为随机参数，如材料的力学性能参数：硬度、强度极限、弹性模量、摩擦系数以及外载荷等。与零件失效无关时，a为事件发生的概率；与零件失效有关时，a为零件的可靠度（强度、刚度、稳定性等）,统称为所要求的概率水平。

式（4-4-1）所表示的不等式约束条件（包括等式约束），就称为概率约束。设随机约束函数的概率密度函数为$f_g(X,\omega)$，如果为标准正态分布，则根据概率论，式（4-4-1）又可表示为

$$\begin{aligned}P\{g(X,\omega)\geqslant 0\}&=\int_{-\varphi^{-1}(a)}^{\infty}f_g(X,\omega)\mathrm{d}X\\&=\int_{-\infty}^{\varphi^{-1}(a)}f_g(X,\omega)\mathrm{d}X\geqslant a\end{aligned} \tag{4-4-2}$$

概率约束的几何意义如图4-8所示。它相当于将约束函数的分布曲线相应移至$P\{\cdot\}\geqslant a$的位置。

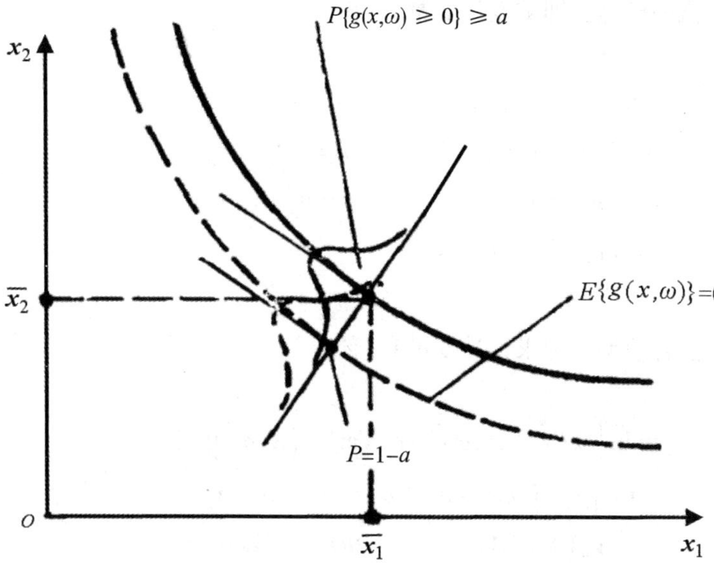

图4-8　概率约束的几何意义

在工程设计问题中，当优化设计模型中的设计变量和参数具有随机性，约束中含有概率约束时，则称此种模型为概率优化设计模型。由于对具体问题的要求不同，概率模型可有如下几种表示形式。

（1）均值模型。即求设计变量X，使

$$\left.\begin{aligned}&\min E\left\{f\left(X,\omega\right)\right\}\\&\text{s.t.}P\left\{g_u\left(X,\omega\right)\geqslant 0\right\}\geqslant a_u,\ u=1,2,\cdots,n_p\\&\qquad g_u\left(X\right)\geqslant 0,\qquad\qquad u=n_p+1,\cdots,m\\&X,\omega\in\left[\Omega,T,P\right]\end{aligned}\right\}\tag{4-4-3}$$

（2）方差模型。即求设计变量X，使

$$\left.\begin{aligned}&\min \mathrm{Var}\left\{f\left(X,\omega\right)\right\}\\&\text{s.t.}P\left\{g_u\left(X,\omega\right)\geqslant 0\right\}\geqslant a_u,\ u=1,2,\cdots,n_p\\&\qquad g_u\left(X\right)\geqslant 0,\qquad\qquad u=n_p+1,\cdots,m\\&X,\omega\in\left[\Omega,T,P\right]\end{aligned}\right\}\tag{4-4-4}$$

（3）概率模型。即求设计变量X，使

$$\left.\begin{aligned}&\min P\left\{f\left(X,\omega\right)\right\}\\&\text{s.t.}E\left\{g_u\left(X,\omega\right)\geqslant 0\right\}\geqslant a_u,\ u=1,2,\cdots,n_p\\&\qquad g_u\left(X\right)\geqslant 0,\qquad\qquad u=n_p+1,\cdots,m\\&X,\omega\in\left[\Omega,T,P\right]\end{aligned}\right\}\tag{4-4-5}$$

（4）混合模型。即求设计变量X，使

$$\left.\begin{aligned}&\min\left\{\omega_1 E\left[f\left(X,\omega\right)\right]+\omega_2\mathrm{Var}\left[f\left(X,\omega\right)\right]\right\}\\&\text{s.t.}P\left\{g_u\left(X,\omega\right)\geqslant 0\right\}\geqslant a_u,\ u=1,2,\cdots,n_p\\&\qquad g_u\left(X\right)\geqslant 0,\qquad\qquad u=n_p+1,\cdots,m\\&X,\omega\in\left[\Omega,T,P\right]\end{aligned}\right\}\tag{4-4-6}$$

式中，$[\Omega,T,P]$表示概率空间。Ω称为基本事件空间；T称为事件的全体；P称为事件的概率。g_u（X）≥0中的X为确定性变量，即标准离差为零的随机变量。

在上述几种模型中，最有代表性的且最常用的是E模型，这时的目标函数可以是重量、成本或某项性能指标。本书仅介绍这类模型的某种特定的求解方法，即认为随机变量是互相独立的，且已知其分布形式和变异系数$C_{X_i}\left(\sigma_{X_i}=C_{X_i}\cdot\bar{X}_i\right)$，因而所求的设计变量只要求确定其均值$\bar{X}_i$即可。这种模型的求解，就是在概率可行域内寻找$E\left[f\left(X,\omega\right)\right]$为最小值时的设计点$X^*$，这就是概率优化设计问题的最优解。

这类问题的求解要比确定性优化模型的求解困难得多，计算量也较大，而且它与随机变量的分布形式有密切关系。根据随机变量的概率分布形式，这类模型可有以下两种求解方法。

4.4.1 设计变量互相独立且服从简单正态分布情况

这时可采用机会约束法求解，它的基本思想是将概率模型转化为确定性模型，然后按确定性优化方法求解其随机变量的均值。

设概率约束中的X和∞均为正态分布，而且是相互独立的，则随机约束函数$g_u\left(X,\omega\right)$也可被认为是正态分布。

令$Z=g_u\left(X,\omega\right)$，由概率论可知，$Z$的概率密度函数为

$$h\left(Z\right)=\frac{1}{\sqrt{2\pi}\sigma_z}\exp\left[-\frac{\left(Z-\mu_z\right)^2}{2\sigma_z^2}\right],-\infty<Z<\infty \tag{4-4-7}$$

由上式可知，h（Z）亦为正态分布。其均值$\mu Z=\bar{g}_u$，标准离差$\sigma_z=\sigma_{g_u}$。

$Z<0$的概率就是必然事件的概率，或失效概率，所以

$$P_F = p(Z \leqslant 0) = p\{g_u(X,\omega) \leqslant 0\} = \int_{-\infty}^{0} h(Z)\mathrm{d}Z$$
$$= \int_{-\infty}^{0} \frac{1}{\sqrt{2\pi}\sigma_z} \exp\left[-\frac{(Z-\mu_z)^2}{2\sigma_z^2}\right]\mathrm{d}Z \tag{4-4-8}$$

为了便于查用正态分布表，现将上式变换为标准正态分布。

令标准正态变量 $\theta = \dfrac{Z-\mu_z}{\sigma_z} = \dfrac{g_u - \overline{g}_u}{\sigma_{g_u}}$，则 $\mathrm{d}z = \sigma_z \mathrm{d}\theta$。当 $Z=0$ 时，$\theta = \theta_p = -\dfrac{\mu_z}{\sigma_z}$；当$Z=-\infty$时，$\theta=-\infty$，代入式（4-4-8），可得

$$P_F = \frac{1}{\sqrt{2\pi}} \int_{-\infty}^{\theta^2} \mathrm{e}^{-\frac{\theta^2}{2}} \mathrm{d}\theta = \frac{1}{\sqrt{2\pi}} \int_{-\infty}^{-\frac{\mu_z}{\sigma_z}} \mathrm{e}^{-\frac{\theta^2}{2}} \mathrm{d}\theta = \Phi(\theta_p) \tag{4-4-9}$$

式（4-4-9）中的积分上限：

$$\theta_p = -\frac{\mu_z}{\sigma_z} = -\frac{\overline{g}_u}{\sigma_{g_u}} \tag{4-4-10}$$

式（4-4-10）即为连接方程，θ_p 即为必然事件概率系数。

相应的事件发生概率：

$$a_u = 1 - P_F = 1 - \Phi(\theta_p) = P(Z > 0) = P\{g_u(X,\omega) > 0\}$$
$$= \int_{-\infty}^{\infty} \frac{1}{\sqrt{2\pi}} \mathrm{e}^{-\frac{\theta^2}{2}} \mathrm{d}\theta - \int_{-\infty}^{\theta_p} \frac{1}{\sqrt{2\pi}} \mathrm{e}^{-\frac{\theta^2}{2}} \mathrm{d}\theta$$
$$= \int_{\theta_p}^{\infty} \frac{1}{\sqrt{2\pi}} \mathrm{e}^{-\frac{\theta^2}{2}} \mathrm{d}\theta = \int_{-\frac{\mu_z}{\sigma_z}}^{\theta_p} \frac{1}{\sqrt{2\pi}} \mathrm{e}^{-\frac{\theta^2}{2}} \mathrm{d}\theta \tag{4-4-11}$$
$$= \int_{-\frac{\overline{g}_u}{\sigma_{g_u}}}^{\infty} \frac{1}{\sqrt{2\pi}} \mathrm{e}^{-\frac{\theta^2}{2}} \mathrm{d}\theta$$

将 $g_u(X,\omega)$ 在随机变量和参数的均值处展开为泰勒级数，并取其线性项，可得

$$g_u(X,\omega)\approx g_u(y)+\sum_{i=1}^{n}\left(\frac{\partial g_u}{\partial y_i}\bigg|\bar{y}_i\right)(y_i-\bar{y}_i) \tag{4-4-12}$$

$g_u(X,\omega)$的均值及其标准离差为

$$\bar{g}_u=g_u(y) \tag{4-4-13}$$

$$\sigma_{g_u}=\left\{\sum_{i=1}^{n}\left(\frac{\partial g_u}{\partial y_i}\bigg|\bar{y}_i\right)^2\sigma_{y_i}^2\right\}^{\frac{1}{2}} \tag{4-4-14}$$

式中，y为表示随机设计变量和参数的向量；$\bar{y}_i$为第i个随机因素的均值；σ_{y_i}为第i个随机因素的标准离差。

由于正态分布为对称分布，因此式（4-4-11）又可变换成

$$\begin{aligned}a_u&=\int_{-\infty}^{\frac{\mu_z}{\sigma_z}}\frac{1}{\sqrt{2\pi}}\mathrm{e}^{-\frac{\theta^2}{2}}\mathrm{d}\theta=\int_{-\infty}^{\theta_a}\frac{1}{\sqrt{2\pi}}\mathrm{e}^{-\frac{\theta^2}{2}}\mathrm{d}\theta\\&=\Phi(\theta_a)\end{aligned} \tag{4-4-15}$$

式中，$\theta_a=\dfrac{\mu_z}{\sigma_z}=\dfrac{\bar{g}_u}{\sigma_{g_u}}$。即为事件发生概率系数。

若已知P_F或a_u，则有反函数：

$$\left.\begin{aligned}\theta_p&=\Phi^{-1}(P_F)\\\theta_a&=\Phi^{-1}(a_u)\end{aligned}\right\} \tag{4-4-16}$$

且$\theta_a=-\theta_p$，由标准正态分布表可反查出相应的θ_a或θ_p值。

显然，当设计要求为

$$P\left\{g_u(\bar{X},\bar{\omega})\geqslant 0\right\}\geqslant a_u \tag{4-4-17}$$

时，有

$$a_u = \int_{-\infty}^{\frac{\bar{g}_u}{\sigma_{g_u}}} \frac{1}{\sqrt{2\pi}} e^{-\frac{\theta^2}{2}} d\theta = \int_{-\infty}^{\Phi^{-1}(a_u)} \frac{1}{\sqrt{2\pi}} e^{-\frac{\theta^2}{2}} d\theta$$

于是可得

$$\frac{\bar{g}_u}{\sigma_{g_u}} \geqslant \Phi^{-1}(a_u)$$

即

$$\bar{g}_u - \Phi^{-1}(a_u)\sigma_{g_u} \geqslant 0 \qquad (4-4-18)$$

若设计要求为

$$P\left\{g_u\left(\bar{X},\bar{\omega}\right) \leqslant 0\right\} \geqslant a_u \qquad (4-4-19)$$

时，同理可得

$$\bar{g}_u + \Phi^{-1}(a_u)\sigma_{g_u} \leqslant 0 \qquad (4-4-20)$$

上式即为将随机约束等价地转换为确定性约束的形式。给定约束应满足的概率值 a_u，即可由正态分布函数表查得相应的 $\Phi^{-1}(a_u)$ 值；而 $\bar{g}_u$ 和 σ_{g_u} 则可由式（4-4-13）及式（4-4-14）求得。当然，如果有必要，对目标函数也可做同样的处理。

这样，概率优化设计模型就可以近似地转化为如下形式的确定性模型，用于求解，即

$$\left.\begin{array}{l} \min f(X) = E\left[f(X,\omega)\right] = f\left(\bar{X},\bar{\omega}\right) \\ \text{s.t.}\, \bar{g}_u - \Phi^{-1}(a_u)\sigma_{g_u} \geqslant 0,\ u = 1,2,\cdots,n_p \\ \qquad g_u(X) \geqslant 0, \qquad\qquad u = n_p+1,\cdots,m \end{array}\right\} \qquad (4-4-21)$$

4.4.2　设计变量互相独立且服从任意分布的情况

这时不能采用约束转换法求解，一般可采用以下两种近似方法求解。

4.4.2.1　按等效正态分布法求解

等效正态分布法的基本思路是将非正态分布在设计点处转换为一个等效的正态分布，然后按正态分布法建立概率优化设计模型。这种计算方法对任何分布类型都可适用，也适用于极限状态方程中有多个随机变量的情况。所以，它被人们称为考虑分布类型的近似概率优化设计模型。

为了明确物理意义，这里首先讨论零件应力、强度均为任意分布时的可靠度计算方法，从而即可建立起零件的强度可靠性（概率）约束方程式，并将其推广到任意分布类型的随机约束的求解问题中。

（1）等效转化的指标

①极限状态方程式的建立。零件的功能参数达到极限值而不宜继续使用的状态，就称为零件的极限状态，也就是零件将要丧失工作能力的临界状态。

极限状态的判据随零件的工作条件，材料的机械性能、受力状态、温度条件等的不同而异。它可能是塑性变形、脆性或准脆性断裂、疲劳断裂、低周疲劳破坏及蠕变、松弛、打滑、压杆稳定性及振动稳定性等。

零件状态可用零件状态函数来描述。假设决定零件状态的基本变量为 $X_1, X_2, \cdots, X_n$ ，则零件状态方程式即为如下形式的随机变量函数：

$$Z = g\left(X_1, X_2, \cdots, X_n\right) \tag{4-4-22}$$

式中，基本变量X可用随机变量的概率分布形式来描述。

为了说明极限状态方程的建立及其性态，首先分析极限状态方程中只有两个正态随机变量的情况。为了直观，就以零件的强度为例。显然，此时零件状态方程（4-4-22）中的基本变量，在给定条件下即为应力和材料的强

度，则零件承载能力的状态方程为

$$Z=g\left(X,Y\right)=X-Y \tag{4-4-23}$$

式中，X表示零件材料强度的随机变量，Y表示零件应力的随机变量。

零件工作时，随机变量Z的值即反映零件所处的状态：当$Z=X-Y>0$时，零件处于安全状态；当$Z=X-Y<0$时，零件处于失效状态；当$Z=X-Y=0$时，零件处于极限（临界）状态。

式（4-4-23）就称为零件极限状态方程式。

显然，极限方程在XOY坐标系中为一直线。对正态随机变量X及Y做标准化变换，令

$$\left.\begin{aligned}\hat{X}=\frac{X-\mu_x}{\sigma_x}\\ \hat{Y}=\frac{Y-\mu_y}{\sigma_y}\end{aligned}\right\} \tag{4-4-24}$$

将式（4-4-24）代入式（4-4-23），可得

$$\hat{X}\sigma_x-Y\sigma_y+\mu_x-\mu_y= \tag{4-4-25}$$

显然，在新的坐标系XOY中，极限状态方程仍为一直线。

为了使极限状态方程具有几何意义，现将式（4-4-25）除以$\left[-\sqrt{\sigma_x^2+\sigma_y^2}\right]$，得

$$-\frac{\sigma_x}{\sqrt{\sigma_x^2+\sigma_y^2}}\hat{X}+\frac{\sigma_y}{\sqrt{\sigma_x^2+\sigma_y^2}}Y-\frac{\mu_x-\mu_y}{\sqrt{\sigma_x^2+\sigma_y^2}}=0 \tag{4-4-26}$$

令

$$\cos\theta_y = \frac{\sigma_y}{\sqrt{\sigma_x^2 + \sigma_y^2}}$$

$$\cos\theta_x = -\frac{\sigma_x}{\sqrt{\sigma_x^2 + \sigma_y^2}} = -\sin\theta_y \tag{4-4-27}$$

$$\zeta = \frac{\mu_x - \mu_y}{\sqrt{\sigma_x^2 + \sigma_y^2}}$$

代入式（4–4–26），得

$$-\sin\theta_y \hat{X} + \cos\theta_y \cdot Y - \zeta = 0 \tag{4-4-28}$$

由解析几何可知，$\zeta = \hat{O}P^*$。P^*点为垂足，其坐标为

$$\left.\begin{aligned} \hat{Y}^* &= \cos\theta_y \cdot \zeta \\ \hat{X}^* &= -\sin\theta_y \cdot \zeta \end{aligned}\right\} \tag{4-4-29}$$

将式（4–4–27）代入式（4–4–29），可得P^*点在原坐标系XOY中的坐标值：

$$\left.\begin{aligned} Y^* &= \sigma_y \hat{Y}^* + \mu_y \\ X^* &= \sigma_x \hat{X}^* + \mu_x \end{aligned}\right\} \tag{4-4-30}$$

因点P^*（Y^*，X^*）在极限状态直线上，故满足极限状态方程式，得

$$\begin{aligned} Z = X^* - Y^* &= \left(\mu_x - \mu_y\right) - \left(\frac{\sigma_x^2 + \sigma_y^2}{\sqrt{\sigma_x^2 + \sigma_y^2}}\right)\zeta \\ &= \left(\mu_x - \mu_y\right) - \sqrt{\sigma_x^2 + \sigma_y^2} \cdot \zeta \\ &= \left(\mu_x - \mu_y\right) - \sigma_z \cdot \zeta = 0 \end{aligned} \tag{4-4-31}$$

此式即是约束连接方程式。该式表明，当随机变量的取值为X^*及Y^*时，

零件就达到了将要失效的临界状态。点P^*（X^*，Y^*）被称为设计验算点。

由应力–强度干涉模型可知

$$\zeta = \frac{\mu_x - \mu_y}{\sqrt{\sigma_x^2 + \sigma_y^2}} = u_R \tag{4-4-32}$$

可靠度：

$$R = \Phi(u_R) = \Phi(\zeta)$$

所以，ζ的数值可以反映零件工作能力的安全程度，故称ζ为“安全指标”。ζ的几何含义，就是从原点$\hat{O}$到极限状态方程直线的最短距离$\hat{O}P^*$的长度。

②安全指标ζ的计算。为了得到计算ζ的通式，我们需要分析在极限状态方程中含有n个相互独立的正态随机变量的情况。此时，极限状态方程为

$$Z = g(X_1, X_2, \cdots, X_n) = 0 \tag{4-4-33}$$

对正态变量$X_i(i=1,2,\cdots,n)$作标准正态变换，令

$$\hat{X}_i = \frac{X_i - \mu_{x_i}}{\sigma_{x_i}}$$

于是，在标准正态坐标系中，极限状态的n维空间曲面方程为

$$Z = g\left(\hat{X}_1\sigma_{x_1} + \mu_{x_1}, X_2\sigma_{x_2} + \mu_{x_2}, \cdots, X_n\sigma_{x_n} + \mu_{x_n}\right) = 0 \tag{4-4-34}$$

由前述可知，从坐标原点$\hat{O}$到极限状态曲面的最短距离$\hat{O}P^*$就是安全指标ζ。

为了求解ζ，我们可在曲面上P^*点处作切平面，并列出方程式。

现将极限方程在曲面上的$P^*\left(\hat{X}_1^*, X_2^*, \cdots, X_n^*\right)$点处按泰勒级数展开，并取其线性项为近似值，即得

$$g\left(\hat{X}_1, X_2, \cdots, X_n\right) \approx g\left(X_1^*, X_2^*, \cdots, X_n^*\right) + \sum_{i=1}^{n} \frac{\partial g}{\partial \hat{X}_i}\bigg|_{P^*} \left(\hat{X}_i - X_i^*\right) \tag{4-4-35}$$

因P^*点在极限状态曲面上，故

$$g\left(\hat{X}_1^*, X_2^*, \cdots, X_n^*\right) = 0$$

于是，由式（4–4–35）可得

$$\sum_{i=1}^{n} \frac{\partial g}{\partial \hat{X}_i}\bigg|_{P^*} \cdot \hat{X}_i - \sum_{i=1}^{n} \frac{\partial g}{\partial X_i}\bigg|_{P^*} \cdot X_i^* = 0 \tag{4-4-36}$$

上式就是过垂足P^*点的切平面方程式。

将式（4–4–36）两端除以法式化因子：

$$-\left(\sum_{i=1}^{n}\left(\frac{\partial g}{\partial \hat{X}_i}\bigg|_{P^*}\right)^2\right)^{\frac{1}{2}}$$

则得

$$\frac{-\sum_{i=1}^{n}\left(\frac{\partial g}{\partial \hat{X}_i}\bigg|_{P^*} \cdot \hat{X}_i\right)^2}{\left(\sum_{i=1}^{n}\left(\frac{\partial g}{\partial \hat{X}_i}\bigg|_{P^*}\right)^2\right)^{\frac{1}{2}}} - \frac{-\sum_{i=1}^{1} \frac{\partial g}{\partial \hat{X}_i}\bigg|_{P^*} \cdot \hat{X}_i^*}{\left(\sum_{i=1}^{n}\left(\frac{\partial g}{\partial X_i}\bigg|_{P^*}\right)^2\right)^{\frac{1}{2}}} = 0 \tag{4-4-37}$$

因P^*点为极限状态曲面方程的单一解，故P^*为定点，$\hat{X}_i^*$为定值，式（4–4–37）的第二项为常数项。对照式（4–4–36）可知，上式第二项就是$\hat{O}P^*$，即安全指标ζ：

$$\zeta = \frac{-\sum_{i=1}^{n} \left.\frac{\partial g}{\partial \hat{X}_i}\right|_{P^*} \cdot \hat{X}_i^*}{\left(\sum_{i=1}^{n}\left(\left.\frac{\partial g}{\partial \hat{X}_i}\right|_{P^*}\right)^2\right)^{\frac{1}{2}}} \tag{4-4-38}$$

在式（4-4-38）中，$\hat{X}_i$ 的系数就是 $\hat{O}P^*$ 与坐标轴夹角 θ_i 的方向余弦，即

$$\cos\theta_i = \frac{-\sum_{i=1}^{n} \left.\frac{\partial g}{\partial \hat{X}_i}\right|_{P^*}}{\left(\sum_{i=1}^{n}\left(\left.\frac{\partial g}{\partial \hat{X}_i}\right|_{P^*}\right)^2\right)^{\frac{1}{2}}} = -\alpha_i \tag{4-4-39}$$

由式（4-4-23），可得 $\mathrm{d}\hat{X}_i = \frac{\mathrm{d}X_i}{\sigma_{x_i}}$，代入式（4-4-39），得

$$\alpha_i = \frac{\sum_{i=1}^{n} \left.\frac{\partial g}{\partial \hat{X}_i}\right|_{P^*} \cdot \sigma_{x_i}}{\left(\sum_{i=1}^{n}\left(\left.\frac{\partial g}{\partial \hat{X}_i}\right|_{P^*} \cdot \sigma_{x_i}\right)^2\right)^{\frac{1}{2}}} \tag{4-4-40}$$

将法线垂足 $P^*\left(\hat{X}_1^*, X_2^*, \cdots, X_n^*\right)$ 的坐标 $\hat{X}_i^*$ 换回到原坐标系，得

$$\hat{X}_i^* = \mu_{x_i} - \alpha_i \sigma_{x_i} \cdot \zeta \tag{4-4-41}$$

$P^*\left(\hat{X}_1^*, X_2^*, \cdots, X_n^*\right)$ 为设计验算点，故满足

$$g\left(\hat{X}_1^*, X_2^*, \cdots, X_n^*\right) = 0 \tag{4-4-42}$$

式（4-4-40）、式（4-4-41）及式（4-4-42）联立求解，可求得安全指标 ζ。一般用迭代法求其近似解。

（2）等效转化

如果极限状态方程含有非正态变量，则可用一个与原函数等效的正态分布近似替代。所选用的正态分布与原函数的等效条件是在任一设计点 X_i^* 处（图4–9）应满足：

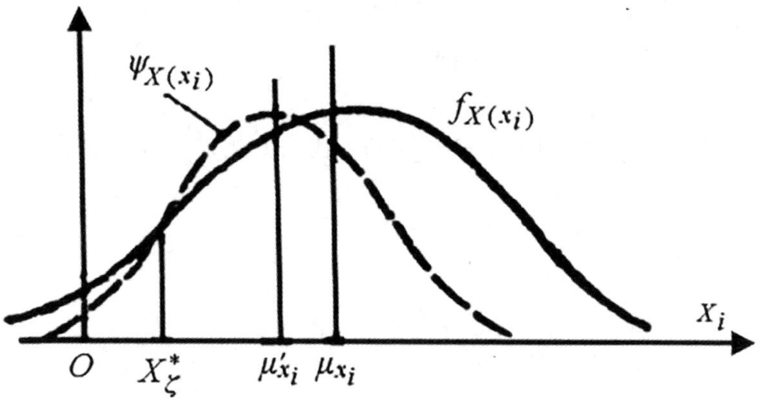

图4–9　等效正态分布法

①分布函数值相等：

$$F_{x_i}\left(X_i^*\right)=\varPsi_{x_i}\left(X_i^*\right) \tag{4-4-43}$$

②概率密度函数相等：

$$f_{x_i}\left(X_i^*\right)=\psi_{x_i}\left(X_i^*\right) \tag{4-4-44}$$

式中，$F_{x_i}(\cdot)$，$f_{x_i}(\cdot)$ 为原函数的分布函数与概率密度函数；$\varPsi_{x_i}(\cdot)$，$\psi_{x_i}(\cdot)$ 为与原函数等效的正态分布函数与正态概率密度函数。

设与原函数等效的正态分布函数的均值与标准离差分别为 μ'_{x_i} 与 σ'_{x_i}，则

$$\psi_{x_i}\left(X_i^*\right)=\frac{1}{\sqrt{2\pi}\cdot\sigma'_{x_i}}\exp\left[-\frac{\left(X_i^*-\mu'_{x_i}\right)^2}{2\sigma'^2_{x_i}}\right]$$
$$=f_{x_i}\left(X_i^*\right)$$

$$\Psi_{x_i}\left(X_i^*\right)=\int_{-\infty}^{x_i^*}\frac{1}{\sqrt{2\pi}\cdot\sigma'_{x_i}}\exp\left[-\frac{\left(X_i^*-\mu'_{x_i}\right)^2}{2\sigma'^2_{x_i}}\right]\mathrm{d}x_i$$
$$=F_{x_i}\left(X_i^*\right)$$

令 $u'=\dfrac{X_i-\mu'_{x_i}}{\sigma'_{x_i}}$，则 $\mathrm{d}x_i=\sigma'_{x_i}\cdot\mathrm{d}u'$，代入上式，可得等效的标准正态分布函数：

$$\Phi\left(u'\right)=\frac{1}{\sqrt{2\pi}}\int_{-\infty}^{\frac{X_i^*-\mu'_{x_i}}{\sigma'_{x_i}}}\mathrm{e}^{-\frac{u'^2}{2}}\mathrm{d}u'=\Phi\left(\frac{X_i^*-\mu'_{x_i}}{\sigma'_{x_i}}\right)$$

故

$$F_{x_i}\left(X_i^*\right)=\Phi\left(\frac{X_i^*-\mu'_{x_i}}{\sigma'_{x_i}}\right) \quad (4\text{-}4\text{-}45)$$

$$f_{x_i}\left(X^*\right)=\frac{\mathrm{d}}{\mathrm{d}_{x_i}}\left[\Phi\left(\frac{X_i^*-\mu'_{x_i}}{\sigma'_{x_i}}\right)\right]=\frac{1}{\sigma'_{x_i}}\phi\left(\frac{X_i^*-\mu_{x_i}}{\sigma'_{x_i}}\right) \quad (4\text{-}4\text{-}46)$$

于是，由式（4-4-45）及式（4-4-46），即可求得等效正态分布的均值及其标准离差：

$$\mu'_{x_i}=X_i^*-\Phi^{-1}\left(F_{x_i}\left(X_i^*\right)\right)\sigma'_{x_i} \quad (4\text{-}4\text{-}47)$$

$$\sigma'_{x_i}=\frac{\phi\left(\dfrac{X_i^*-\mu'_{x_i}}{\sigma'_{x_i}}\right)}{f_{x_i}\left(X_i^*\right)}=\frac{\phi\left\{\Phi^{-1}\left[F_{x_i}\left(X_i^*\right)\right]\right\}}{f_{x_i}\left(X_i^*\right)} \tag{4-4-48}$$

式中，$\phi(\cdot)$及$\ddot{O}(\cdot)$为标准正态分布密度函数及分布函数。

如果等效正态分布函数的均值及标准离差被求出，就可采用迭代法求解。这种方法适用于任何分布类型的干涉。

（3）建立可靠性优化设计模型

上面讨论了计算等效正态分布函数的均值及其标准离差的方法。对安全指标ζ进行迭代运算，即可求得与原函数可靠度R相对应的等效正态分布的均值$\bar{g}_u$及其标准离差σ_{g_u}，从而即可建立概率约束方程式：

$$\bar{g}_u-\Phi^{-1}(R)\sigma_{g_u}=\bar{g}_u-\zeta\cdot\sigma_{g_u}\geqslant 0 \tag{4-4-49}$$

这样就可建立一个强度可靠性优化的确定性模型。其他非正态分布的概率约束方程式，也可采用上述方法来建立。

4.4.2.2　用蒙特卡罗法求解

蒙特卡罗法是通过随机变量的统计试验或随机模拟，求解工程技术问题近似解的数值方法，因此也称为统计试验法或随机模拟法。

该模拟次数为N，失效数为F，则零件的失效概率的近似值$P_F\approx F/N$，可靠度$R=1-P_F\approx 1-F/N$。显而易见，模拟次数N愈大，则模拟精度愈高。要获得可靠的模拟结果，往往需要千次以上的模拟。因为模拟次数多，所以随机模拟一般由计算机完成。

机械零件强度可靠度随机模拟的大致过程如下。

①确定随机模拟次数N。

②输入原始资料：根据零件强度的干涉理论，则干涉模型$g_u(X,\omega)=X-Y=f_X(X_1,X_2,\cdots,X_n)-f_Y(Y_1,Y_2,\cdots,Y_n)$；影响应力$Y$及强度$X$

的各独立随机变量的均值及标准离差$\left(\mu_{y_i},\sigma_{y_j}\right)$，$\left(\mu_{x_i},\sigma_{x_j}\right)$等。

③给定各独立随机变量的分布规律，一般可认为各独立随机值服从正态分布或其他分布。

④产生（$j+i$）组符合。上述给定分布规律的随机数组，每个随机数组中各有N个随机数。必须注意，各随机数之间必须是相互独立的，也就是说，各随机数组内随机数的排列不应存在某种关系。

⑤计算零件的工作应力：在影响零件工作应力的随机数组中，抽取一组随机数代入应力公式，计算零件的工作应力值Y。

⑥计算零件材料强度：在影响零件材料强度的随机数组中抽取一组随机数代入强度公式，计算零件材料的强度X。

⑦比较X与Y：若$Y-X>0$，则零件失效；反之，零件安全。如此反复进行N次，可以得到N次模拟时零件的失效数F。

⑧计算零件可靠度的模拟值$R\approx 1-F/N$。

⑨应用有关公式还可以估计可靠度100（$1-a$）%的置信区间100（$1-y$）%。当N足够大时，可靠度R值满足设计要求。

⑩计算概率约束条件：$g_u\left(X\right)=\left(1-F/N\right)-R\geqslant 0$或$\left\|\left(1-F/N\right)-R\right\|\leqslant\varepsilon$。

⑪调用离散变量优化方法。收敛时，则输出结果；否则，返回到步骤④。

随机模拟计算概率值的精度取决于随机模拟次数N，其相对误差的估计式为

$$\Delta R=\left|R'-R\right|\cdot 100\%=200\sqrt{\frac{1-R}{N\cdot R}} \tag{4-4-50}$$

上式可用来确定所需的随机模拟次数N。例如，假设已知设计要求可靠度$R=0.9489$，相对误差$\Delta R=0.022=2.2\%$，则要求模拟次数：

$$N=\frac{1-R}{R}\cdot\frac{200^2}{\Delta R^2}=900$$

从零件可靠性随机模拟的过程可以看出，随机模拟法的主要优点是无须

对零件的工作应力及极限强度的真实分布进行假设（但仍需要对影响应力、材料强度的各独立随机变量的分布规律进行假设）。因此，用分布规律无法明确的零件的工作应力及其材料的极限强度，或用干涉理论解析法处理的非正态分布，均可采用随机模拟法求近似解。

同理，随机模拟方法的基本原理如下：

设随机约束 $g_u(X,\omega)$ 的密度函数为 $f_{g_u}(X)$，则概率约束条件可表示为

$$g_u(X)=\int_{-\infty}^{0}f_{g_u}(X)\mathrm{d}x-a\geqslant 0 \tag{4-4-51}$$

在一般情况下，很难用解析形式表示出 $P\{g_u(X,\omega)\geqslant 0\}$ 的积分关系。因此，在只知各随机变量和参数的分布及数字特征时，只能通过随机模拟方法近似计算出积分值。设取N个X和ω的样本值，统计事件 $g_u(X,\omega)\geqslant 0$ 发生的次数为M，根据Bernoulli大数定律即可估计出 $g_u(X,\omega)\geqslant 0$ 满足的概率，即

$$P\{g_u(X,\omega)\geqslant 0\}=\int_{-\infty}^{0}f_{g_u}(X)\mathrm{d}x=\frac{M}{N} \tag{4-4-52}$$

于是，将随机约束表示为

$$g_u(X)=\frac{M}{N}-a\geqslant 0 \tag{4-4-53}$$

随机模拟计算概率值的精度取决于子样样本容量的大小，即抽样的个数IN，其相对误差可用式（4-4-50）估计。

如果将随机模拟与离散变量优化方法相结合，就可组成一种解概率模型的优化方法。它的基本思想是用离散变量方法对随机变量的均值进行搜索，在搜索新点处对随机约束函数和目标函数进行模拟计算，求得各约束满足的概率值和目标函数的均值，如此反复，直至收敛为止。这种方法可用于任意分布的随机变量和参数的场合。

思 考 题

（1）简述机械可靠性优化设计的基本概念。

（2）简述机械可靠性优化设计的方法。

（3）如果要求系统可靠度为99%，设每个单元的可靠度为60%，需要多少单元并联工作才能满足要求？

（4）3台设备组成串联系统。采用等分配法，当系统可靠度 $R_s^*=0.9$时，各设备的可靠度应如何分配？如果其中一台设备的可靠度$R_1=0.99$，其余设备的可靠度应是多少？

（5）简述零件可靠性优化设计的方法。

第5章

机械部件可靠性优化实例分析

机械零件常规的设计原理以及设计准则所使用的多种计算公式，在解决可靠性设计时是适用的。在进行可靠性设计时，需运用这些公式中的设计变量作为服从某些分布规律的随机变量，将概率论与数理统计计算以及强度理论相结合，推导出在当前环境条件下，适用于本零部件的设计准则。利用此公式计算，获得在给定可靠度条件下该零部件的核心参数和结构尺寸。或者反过来，给定零部件形状和结构参数以及材料性能，以确定其安全寿命和可靠度。

此外，在设计或校核过程中，仍有部分零部件难以满足可靠性设计要求，或在满足可靠性要求下，其他性能明显不足，如经济性、操纵性、舒适度等，这均不是可靠性设计的最优方法。在此前提下，我们就需要对零部件及整体装置的结构进行优化，以满足可靠性要求以及性能需求，达到最佳可靠度。

5.1 系统可靠性设计

系统是一个由相互间具有有机联系，由零件、部件和子系统等若干要素组成，能够完成规定功能的综合体。系统可靠性设计的内容主要包括两方面，一方面是对当前设计系统的可靠性进行预测，按已知零部件的可靠性数据计算系统的可靠性指标；另一方面是对当前系统的可靠性进行分配，按规定的系统可靠性指标，对各组成零部件进行可靠性分配。该组成系统的可靠性，不单单取决于组成系统单个要素的可靠性，也取决于组成元件之间的相互联系和组合方式。

通过合理的设计，各零部件被巧妙地组装起来，形成系统的整体结构，以满足规定的可靠性指标。同时，系统的其他性能指标，包括技术性能、重量、体积、成本等达到最优。

5.1.1 系统可靠性预测

系统可靠性预测对整体系统的设计具有重要意义。为了便于对系统的可靠性进行预测，我们需了解系统当中各元件之间的关联关系。值得注意的是，我们能够在结构图中看到系统中各组成元件之间的结构装配关系，即物理关系。而逻辑图则表示各组成元件间的功能关系，不是装配关系。

系统可靠性预测对协调系统设计参数及指标，提高产品的可靠性具有重要意义。系统可靠性预测能够预示系统当中的薄弱环节。进一步采用改进措施，同时结合可靠性预测能够对比多种方案的可靠性，以方便选择性能最佳的系统。

一个系统，小则由一个子系统（零件）组成，大则由成百上千个子系统（零件）组成。当我们研究一个系统时，特别是一个大的复杂系统时，先必须了解组成该系统的各单元或子系统的功能，再研究它们的相互关系以及对所研究系统的影响。为了清晰地研究它们，在可靠性工程中往往用逻辑图来描述子系统（零件）之间的功能关系，进而对系统及其组成零部件进行定量的设计与计算。

系统的逻辑图表示系统元件的功能关系，它以系统的结构图为基础，根据元件事故对系统工作的影响，用方框表示元件功能关系和构成。通过系统的逻辑图能够看出系统为保证规定功能的顺利完成，哪些元件必须成功地被运行，因此系统逻辑图也被称为可靠性框图。

在逻辑图中，原件的表示符号与结构图明显不同。在结构图中各零部件，包括电灯、电容器、电阻、电感等都有对应的专用符号。但在逻辑图中，无论什么元件，均用方框表示。

（1）串联系统

与物理关系图类似，在当前机械零件、部件（子系统）系统中，各零部件的基本组合形式有两种，分别是串联和并联。串联系统就是指系统中只要有一个元件失效，该系统就失效，其系统的逻辑图如图5-1所示。

图5-1　串联系统的逻辑图

值得注意的是，串联系统单一零部件损坏，就会导致串联系统的不工作。为了降低系统功能失效的风险及提高系统的可靠度，高可靠性要求的系统往往采用并联。并联系统是针对完成某一工作目的所设置的设备，除了满足运行需要之外还有一定冗余的系统。当一个子系统（零部件）功能失效后，并联系统仍能保证完成这一功能。

（2）并联系统

并联系统又分为工作贮备系统和非工作贮备系统。而工作贮备系统又可分纯并联系统和r/n系统两种。纯并联系统是使用多个零部件来完成同一任务的系统，其系统的逻辑图如图5-2所示。在此系统中，所有零部件一开始就同时工作，但其中任何一个零部件都能单独保证系统正常运行，如飞机发动机设计，其由左右两个航空发动机组成，但只要有一台发动机正常工作，飞机便可正常运行。

但是，在有些工作贮备系统中，其是由多个零部件（n）并联组成。它要求有2个以上（r个）的零部件正常工作，系统才能正常运行，这样的系统称为r-out-of-n系统或r/n表决系统。其系统逻辑图如图5-3所示，保证有r个零部件正常时，系统才能正常工作。例如，美国航天飞机上的调姿计算机系统，其由3个计算机组成，但必须有两个或两个以上发出调姿指令，航天飞机才能执行。

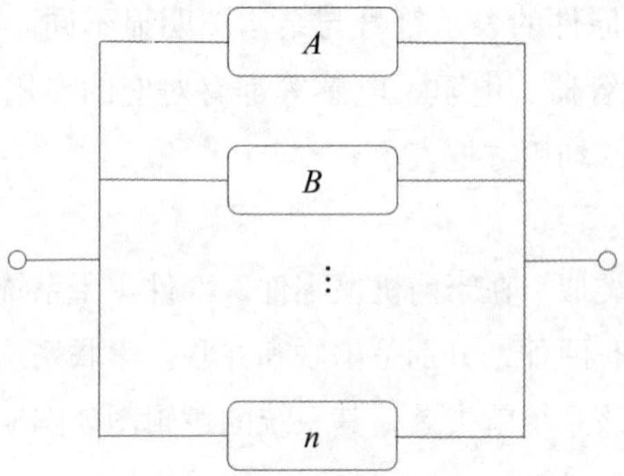

图5-2　并联系统的逻辑图

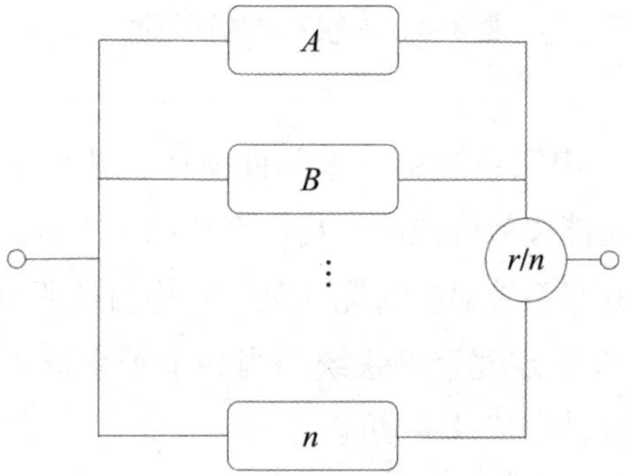

图5-3　*r*/*n*表决系统的逻辑图

在非工作贮备系统中，并联组合的零部件中，一个或几个处于工作状态，而其他则处于“待命状态”，当某一零部件出现故障之后，处于“待命状态”的部分才投入工作。这就是非工作贮备系统。例如，神舟飞船上的控制系统，当地面控制失灵后，可进行手动调整。而飞机上的起落架收放装置通常通过液压控制，当液压控制失灵后，机械应急开启，保证飞机起落架正常运转。

（3）复杂系统

有许多系统不单单由上述几种典型的数学模型来进行可靠度分析，还往往由若干个系统组成，包括上述两种串联和并联系统。把若干个串联系统或并联系统重复地加以串联或并联，就可以得到更复杂的可靠性结构模型，该模型称为混联系统。图5–4是一个简单的混联系统逻辑图，*A*和*B*并联且构成一个子系统，与*C*串联。

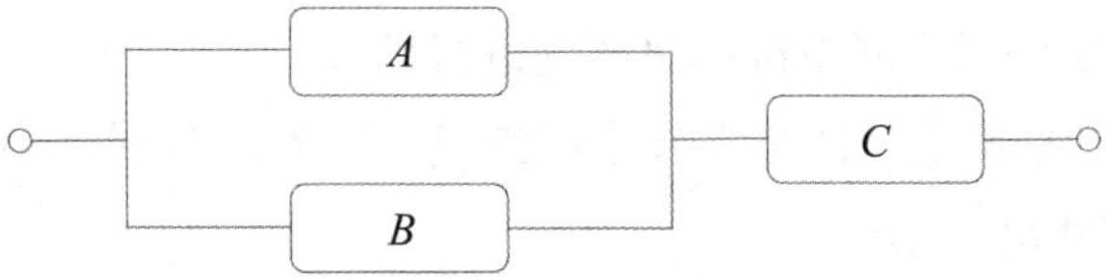

图5–4　串联系统的逻辑图

5.1.2　串联系统可靠度计算

在串联系统中，只要有一个子系统（零件）损坏，该系统就会失效。该系统由n个零部件串联，若系统的失效时间大于t，则每个零部件的失效时间必须大于t。每个零部件的失效时间依次为t_1，t_2，…，t_n，由于各零部件的失效时间是相互独立的随即变量，则系统的可靠度为

$$R(t)=P\left[(t_1>t)\cap(t_2>t)\cap\cdots\cap(t_n>t)\right]$$

式中，$P(t_i>t)$为第i个原件的可靠度$R_i(t)$。

即系统的可靠度可简写成

$$R_S(t)=R_1(t)\times R_2(t)\times\cdots\times R_n(t)$$

$$R_S(t)=\prod_{i=1}^{n}R_i(t)$$

串联系统的可靠度$R_s(t)$与串联子系统（零件）的数量以及元件可靠度$R_i(t)$均有关系。因为各个元件的可靠度$R_i(t)$均小于1，所以串联系统

的可靠度比系统中最不可靠元件的可靠度还低，并且随着元件可靠度的减小和元件数量的增加，串联系统的可靠度迅速降低。所以，为确保系统的可靠度不至于太低，应尽量减少串联元件的个数或采取其他措施。

下面结合实例对串联系统的可靠度进行计算。

例5-1 设某系统由四个零件串联组成，可靠度分别为0.9、0.8、0.7和0.6，系统的可靠度为多少？

解 系统为串联系统，由此计算可靠度：

$$R_S(t)=\prod_{i=1}^{n}R_i(t)$$

$$R_S(t)=0.9\times0.8\times0.7\times0.6=0.3$$

5.1.3 并联系统可靠度计算

在纯并联系统中，由于系统中装有重复的零部件，只有当每个零部件都失效时，系统才失效，且只要还有一个元件不失效，就能使系统正常工作。

对于一个纯并联系统，只有当每个零部件都失效时，系统才失效。假定各元件的失效率为$\lambda_i(t)$，系统失效时间的随机变量为t，系统中第i个元件的失效时间的随机标量为t_i，则并联系统的失效概率为

$$F_S(t)=P\left[(t_1\leqslant t)\cap(t_2\leqslant t)\cap\cdots\cap(t_n\leqslant t)\right]$$

即系统的失效概率可简写成

$$F_S(t)=\prod_{i=1}^{n}\lambda_i(t)$$

这表明，在并联系统中，只有当所有子系统（零件）的失效时间均达不

到系统所要求的工作时间时（即每个元件同时失效），系统才会出现失效。因此，系统的失效概率就是元件同时失效的概率。

于是系统的可靠度可写为

$$R_S(t)=1-F_S(t)$$

$$R_S(t)=1-\prod_{i=1}^{n}\lambda_i(t)$$

$$R_S(t)=1-\prod_{i=1}^{n}\left(1-R_i(t)\right)$$

例5-2　四个可靠度分别为0.9、0.8、0.7和0.6的零件组成一个纯并联系统，系统的可靠度为多少？

解　系统为并联系统，由此计算可靠度：

$$R_S(t)=1-\prod_{i=1}^{n}\left(1-R_i(t)\right)$$

$$R_S(t)=1-(1-0.9)\times(1-0.8)\times(1-0.7)\times(1-0.6)=0.998$$

相比于例5-1可以看出，采用并联组合的方法，系统的可靠度提升显著。

在r/n表决系统，即要求n个单元组成的并联系统中，至少有r个单元同时正常工作，才能保证系统处于正常工作的状态。

为简单起见，三单元系统中要求二单元正常工作系统正常运行的系统，即2-out-of-3系统。设有A、B、C三个子系统组成的并联系统，系统正常运行情况有下面四种：

（1）A、B、C全部正常工作。

（2）A失效，B、C正常工作。

（3）B失效，A、C正常工作。

（4）C失效，A、B正常工作。

当各个单元的失效时间相互独立时，以上四种情形是互斥的。因此，系

统的可靠度为

$$R_S(t)=R_A(t)\times R_B(t)\times R_C(t)\times F_A(t)\times R_B(t)\times R_C(t)\times F_B(t)\times R_A(t)\times R_C(t)+F_C(t)\times R_A(t)\times R_B(t)$$

上式可简写成

$$R_S(t)=R_A(t)\times R_B(t)\times R_C(t)\times\left(1+\frac{F_A(t)}{R_A(t)}\times\frac{F_B(t)}{R_B(t)}\times\frac{F_C(t)}{R_C(t)}\right)$$

假设每个子系统（零件）的可靠度相等（均为R），则系统的可靠度为

$$R_S(t)=R^3\times\left(1+\frac{3\times F}{R}\right)$$

$$R_S(t)=R^3+3\times R^2(1-R)$$

$$R_S(t)=3R^2-2R^3$$

而在n–r/n表决系统中，n个单元并联，只允许r个单元失效。当各个单元的可靠度相同时，系统的可靠度为

$$R_S(t)=R^n+nR^{n-1}F+C_n^2R^{n-2}F^2+\cdots+C_n^rR^{n-r}F^r$$

5.1.3 复杂系统可靠度计算

在复杂系统可靠性的计算过程中，通常采用等效系统进行。将复杂系统看成由各种基本模型（串联、纯并联等）组成的，首先计算各基本模型的可靠度，再计算复杂系统的可靠度。

如图5-5所示，该系统由元件1、元件2、子系统B、元件10、子系统C（2/3系统）组成，系统可靠度计算：

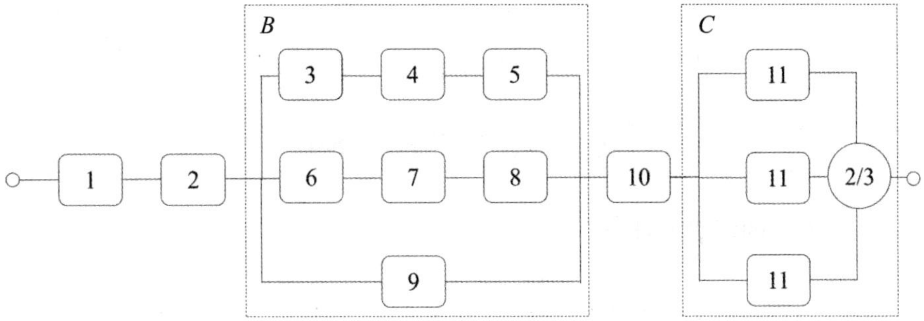

图5-5　复杂系统构成

$$R_S = R_1 \times R_2 \times R_B \times R_{10} \times R_C$$

$$R_B = 1-\left(1-R_3 \times R_4 \times R_5\right)\times\left(1-R_6 \times R_7 \times R_8\right)\times\left(1-R_9\right)$$

$$R_c = 3R_{11}^2 - 2R_{11}^3$$

例5-3　系统由3个子系统串联而成，第一个子系统由单元1、2、3组成（2/3表决子系统），第二个子系统由单元4、5串联组成，第三个子系统由单元6、7、8并联，设每个单元的可靠度相同，R=0.95，求系统的可靠度。

解　（1）第一个子系统的可靠度计算：

$$R_{S1} = 3R^2 - 2R^3$$

$$R_{S1} = 3 \times 0.95^2 - 2 \times 0.95^3 = 0.993$$

（2）第二个子系统的可靠度计算：

$$R \quad = R$$

$$R_{S2} = 0.95^2 = 0.903$$

（3）第三个子系统的可靠度计算：

$$R_{S3}=1-\prod_{i=6}^{8}(1-R)$$

$$R_{S3}=1-(1-R)^3$$

$$R_{S3}=1-(1-0.95)^3=0.999$$

（4）系统的可靠度计算：

$$R_S=R_{S1}\times R_{S2}\times R_{S2}$$

$$R_{S3}=0.993\times0.903\times0.999=0.896$$

5.1.4 系统可靠性分配

可靠性分配是根据系统任务规定的可靠度，按照合理的要求分配给子系统（零件），确保每个子系统（零件）均满足可靠性要求标准，并以此作为元件设计和选择的重要依据。

在可靠性分配的时候，须清楚各子系统（零件）的目标函数，如针对复杂度高的分系统、设备等产品，当制造和优化较困难时，应分配较低的可靠性指标。对于技术上不成熟的产品，可靠性通常较低，须分配较低的可靠性指标。对于处于恶劣环境条件下工作的产品，须分配较低的可靠性指标。对于需要长期工作的产品，若还分配较高的可靠性指标，则难以保证可靠性，且设计较困难，因此须分配较低的可靠性指标。而对于重要的产品，若其出现故障，则会导致严重后果，因此须分配较高的可靠性指标，以保证其正常工作。

因此，可靠性分配就是把可靠性与优化设计结合起来，对系统进行总体设计。

当前可靠性分配通常有以下几种方法，分别是等分配法、相对失效率法、按单元的复杂度和重要度分配法。下面分别对这几种常用的可靠性分配方法进行介绍。

5.1.4.1 等分配法

等分配法是一种较简单的分配方法，在分配过程中对系统的全部单元分配以相等的可靠度。

在串联系统中，如果系统中多个（n）子系统（零件）的复杂程度、重要性以及制造成本基本相同，子系统（零件）的可靠度均为R_{ia}，则

$$R_S(t)=\prod_{i=1}^{n}R_{ia}$$

解得

$$R_{ia}=R_S(t)^{\frac{1}{n}}$$

在并联系统中，n个子系统（零件）的可靠度均为R_{ia}，则

$$R_S(t)=1-\prod_{i=1}^{n}(1-R_{ia})$$

解得

$$R_{ia}=1-\left[1-R_S(t)\right]^{\frac{1}{n}}$$

5.1.4.2 相对失效率法

该法指在串联系统各子系统（零件）的容许失效率正比于该单元的预计失效率值。在此系统中，任一元件的失效都会导致整个系统的失效。假定元件的工作时间等于系统的工作时间，则串联系统的失效率$\lambda_s(t)$与各子系统

（零件）的失效率 λ_{ia} 之间的关系如下式：

$$\lambda_s(t) = \sum_{i=1}^{n} \lambda_{ia}$$

按照此方法，须计算每一子系统（零件）分配时的权系数，相对失效率 ω_i。根据下式，计算获得

$$\omega_i = \frac{\lambda_i}{\sum_{i=1}^{n} \lambda_i}$$

式中，λ_i 为子系统（零件）的预计失效率；$\sum_{i=1}^{n} \lambda_i$ 为系统的预计失效率。

通过上述式子可以看出，相对失效率 ω_i 的总和等于1。

然后根据系统的容许失效率 λ_{sa}，计算出各子系统（零件）的容许失效率 λ_{ia}：

$$\lambda_{ia} = \omega_i \times \lambda_{sa}$$

进一步在分配可靠度时，再按照系统允许的失效率合理地分配给各子系统（零件）。各子系统（零件）的可靠度根据下式计算：

$$R_{ia} = \mathrm{e}^{-\lambda_{ia} t}$$

式中，t为要求的工作时间。

例5-4 一个串联系统由三个零件组成，各零件的预计失效率分别为 λ_1=0.006h^{-1}，λ_2=0.003h^{-1}，λ_3=0.001h^{-1}，要求工作20 h时系统的可靠度 $R_{sa} = 0.90$。试给各零件分配适当的可靠度。

解 （1）计算相对失效率：

$$\omega_i = \frac{\lambda_i}{\sum_{i=1}^{n} \lambda_i}$$

$$\omega_1 = \frac{\lambda_1}{\lambda_1 + \lambda_2 + \lambda_3}$$

$$\omega_1 = \frac{0.006}{0.006+0.003+0.001} = 0.6$$

$$\omega_2 = \frac{\lambda_2}{\lambda_1+\lambda_2+\lambda_3}$$

$$\omega_2 = \frac{0.003}{0.006+0.003+0.001} = 0.3$$

$$\omega_3 = \frac{\lambda_3}{\lambda_1+\lambda_2+\lambda_3}$$

$$\omega_3 = \frac{0.001}{0.006+0.003+0.001} = 0.1$$

（2）计算系统的容许失效率：

$$\lambda_{sa} = -\frac{1}{t}\ln R_{sa}$$

$$\lambda_{sa} = -\frac{1}{20}\ln 0.9 = 0.00527\text{h}^{-1}$$

（3）计算各零件的容许失效率：

$$\lambda_{ia} = \omega_i \times \lambda_{sa}$$

$$\lambda_1 = \omega_1 \times \lambda_{sa}$$

$$\lambda_1 = 0.6 \times 0.0052 = 0.003\ 16\text{h}^{-1}$$

$$\lambda_2 = \omega_2 \times \lambda_{sa}$$

$$\lambda_2 = 0.3 \times 0.005\ 27 = 0.001\ 58\text{h}^{-1}$$

$$\lambda_3 = \omega_3 \times \lambda_{sa}$$

$$\lambda_3=0.1\times 0.005\,27=0.000\,53\text{h}^{-1}$$

（4）计算各零件分配的可靠度：

$$R_{ia}=\text{e}^{-\lambda_{ia}t}$$

$$R_1=\text{e}^{-\lambda_1 t}$$

$$R_1=\text{e}^{-0.003\,16\times 20}=0.94$$

$$R_2=\text{e}^{-\lambda_2 t}$$

$$R_2=\text{e}^{-0.00158\times 20}=0.97$$

$$R_3=\text{e}^{-\lambda_3 t}$$

$$R_3=\text{e}^{-0.00053\times 20}=0.99$$

（5）验证各零件可靠性分配的合理性：

$$R_S(t)=\prod_{i}^{n} R_{ia}$$

$$R_S(t)=R_1\times R_2\times R_3$$

$$R_S(t)=0.94\times 0.97\times 0.99=0.903>0.9$$

由此可以看出，分配是合理的。

5.1.4.3 按单元的复杂度和重要度分配法

本分配法综合考虑系统中各子系统（零件）的复杂程度、重要度、工作时间以及它们与系统之间的失效关系，对它们进行分配。

所谓子系统的重要度E_i是指子系统i的故障会引起系统失效的概率[即P（系统失效/子系统i故障）的条件概率]。而复杂度C_i是指子系统中所包含的重要零件、组件（其失效会引子系统失效）的数目N_i与系统中重要零、组件的总数N之比，即$C_i = \frac{N_1}{N}$。

系统要求的可靠度指标为R_{sa}，系统有多个子系统，它们的复杂程度和重要度分别为C_i和E_i，则对于串联系统，它的失效率λ_i的分配公式为

$$\lambda_i = \frac{C_i \times (-\ln R_{sa})}{E_i \times t_i}$$

则可靠度分配公式为

$$R_i = 1 - \frac{1 - R_{sa}^{ci}}{E_i}$$

例5–5　一个由电动机、减速器、螺旋给料器组成的送料系统，各单元所含的重要零件数为电动机N_1=6，减速器N_2=10，螺旋给料机N_3=4。若要求系统工作h=1000 h时的可靠度为R_s=0.96，试分配各单元的可靠度。

解　（1）送料系统为串联系统，各子系统的重要度都是相同的（E_i=1），重要零件总数为

$$N = 6 + 10 + 4 = 20$$

计算各系统的复杂度：

$$C_i = \frac{N_i}{N}$$

$$C_1 = \frac{6}{20} = 0.3$$

$$C_2 = \frac{10}{20} = 0.5$$

$$C_3 = \frac{4}{20} = 0.2$$

（2）计算各子系统的失效率：

$$\lambda_i = \frac{C_i \times (-\ln R_s)}{E_i \times t_i}$$

$$\lambda_1 = \frac{0.3 \times (-\ln 0.93)}{1 \times 1000} = 1.224 \times 10^{-5}$$

$$\lambda_2 = \frac{0.5 \times (-\ln 0.96)}{1 \times 1000} = 2.041 \times 10^{-5}$$

$$\lambda_3 = \frac{0.2 \times (-\ln 0.96)}{1 \times 1000} = 8.164 \times 10^{-6}$$

（3）计算分配给各子系统的可靠度：

$$R_i = 1 - \frac{1 - R_{sa}^{ci}}{E_i}$$

$$R_1 = 1 - \frac{1 - 0.96^{0.3}}{1} = 0.988$$

$$R_2 = 1 - \frac{1 - 0.96^{0.5}}{1} = 0.980$$

$$R_3 = 1 - \frac{1 - 0.96^{0.2}}{1} = 0.992$$

例5–6　一个四单元的串联系统，要求在连续工作48 h期间内系统的可靠度为0.96。而单元1、单元2的重要性E_1=E_2=1；单元3的工作时间为10 h，重要度E_3=0.90；单元4的工作时间为12 h，重要度E_4=0.85，已知它们的零件数分别为10、20、40、50，试分配各单元的可靠度。

解　（1）重要零件总数为

$$N = 10 + 20 + 40 + 50 = 120$$

计算各系统的复杂度：

$$C_i = \frac{N_i}{N}$$

$$C_1 = \frac{10}{120} = 0.083$$

$$C_2 = \frac{200}{120} = 0.167$$

$$C_3 = \frac{40}{120} = 0.333$$

$$C_4 = \frac{50}{120} = 0.417$$

（2）计算各子系统的失效率：

$$\lambda_i = \frac{C_i \times (-\ln R_s)}{E_i \times t_i}$$

$$\lambda_1 = \frac{0.083 \times (-\ln 0.96)}{1 \times 48} = 7.059 \times 10^{-5}\,\text{h}^{-1}$$

$$\lambda_2 = \frac{0.167 \times (-\ln 0.96)}{1 \times 48} = 1.42 \times 10^{-4}\,\text{h}^{-1}$$

$$\lambda_3 = \frac{0.333 \times (-\ln 0.96)}{0.9 \times 10} = 1.51 \times 10^{-3}\,\text{h}^{-1}$$

$$\lambda_4 = \frac{0.417 \times (-\ln 0.96)}{0.85 \times 12} = 1.67 \times 10^{-3}\,\text{h}^{-1}$$

（3）计算分配给各子系统的可靠度：

$$R_i = 1 - \frac{1 - R_{sa}^{ci}}{E_i}$$

$$R_1 = 1 - \frac{1 - 0.96^{0.083}}{1} = 0.9966$$

$$R_2 = 1 - \frac{1-0.96^{0.167}}{1} = 0.9932$$

$$R_3 = 1 - \frac{1-0.96^{0.333}}{1} = 0.9850$$

$$R_4 = 1 - \frac{1-0.96^{0.333}}{0.85} = 0.9802$$

5.2 可靠性优化设计

机械零部件的最优设计是寻求设计结果的最优方案。值得注意的是，除了产品的可靠度外，我们也要重视产品的重量、体积、经济性等。通常，提高产品可靠性要付出经济代价，即提高机器或设备的生产成本。而可靠性最优化设计是考虑产品的安全性、经济成本以及其他性能等综合因素的设计方案。将制造成本和后期维修、保养的费用结合，通常会有一个极佳的可靠度，即在机器的制造和使用过程中，保持最小的费用。下面围绕此最优可靠度，结合多种优化实例进行分析。

5.2.1 孔结构装甲的可靠性优化设计

孔结构装甲是由一层以上相同或不同材料的平板或不同形状的构件组合而成的装甲，广泛应用于防爆装甲车、坦克的主体上。通过在实心装甲上设计一定形状、一定尺寸和一定分布方式的孔洞，装甲可具备独特的结构效应，能对入射子弹产生有效的消蚀和偏转。装甲车辆的主动防御系统不发达，在依赖装甲来进行被动防护的情况下，抗侵彻性能是装甲可靠性的首要性能指标。能用于防护的重量越多，防护能力越强。在总体重量一定的情况下，能用于车体防护的重量是有限的。

然而车越重，车辆的道路通过性能就会越低劣。像第二次世界大战时德国曾造出120多吨的“鼠”式坦克，实际上是上不了战场，无法发挥作用的。为解决装甲抗侵彻性能与车辆的战场通行能力之间的矛盾，防护装甲重量就一定会受制于整车重量的限制。而孔结构装甲具有减重、提高抗侵彻的优点，因此杨纲等人对孔结构装甲进行了抗侵彻机理和结构优化设计。

孔结构装甲可靠性优化设计流程如图5-6所示。采用建模软件根据实际参数构建孔结构装甲的三维模型，保证模型样本的准确性和有效性。运用有限元仿真软件对孔结构装甲的弹体侵彻性能进行仿真与验证。在此基础上运用有限元软件进行二次开发，提取弹体侵彻孔结构装甲的参数化建模和样本数据。在有效的侵彻响应数据的基础上，我们考虑孔结构装甲尺寸、弹体入射速度、入射角度均具有不确定性的情况下，通过序列优化与可靠性评估方法实现孔结构装甲的可靠性优化设计。

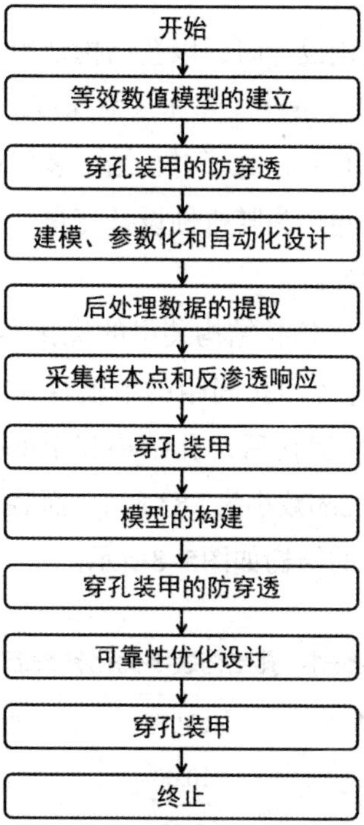

图5-6　孔结构装甲可靠性优化设计流程

孔结构装甲可靠性优化设计需要大量的样本数据，但实弹侵彻的成本高昂，因此须借助有效的数值模型，获得样本数据。子弹侵彻孔结构装甲的数值模型如图5–7所示。

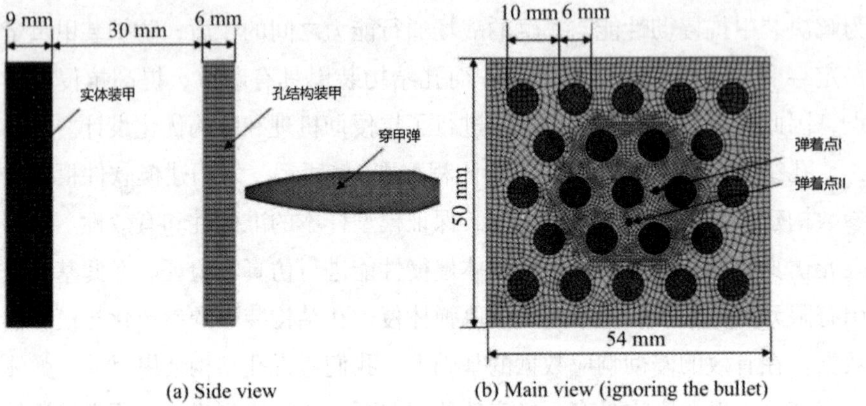

图5–7 子弹侵彻孔结构装甲的数值模型

孔结构装甲可靠性优化设计时，以孔结构装甲的轻量化为设计目标，抗侵彻性能的功能函数为约束条件，弹体入射速度、入射角度为随机性参数，孔数为确定性设计变量。此外，为了对孔结构装甲进行充分的可靠性优化设计，以孔系的孔直径、孔间距为随机性设计变量，并假定孔系中所有孔的尺寸均符合相同的随机性特征。

通过可靠性优化后得到的孔结构装甲的优化参数结果见表5–1所列，其中，结合工程实际，孔直径和孔间距的数值保留2位有效数字。在可靠度为0.9的要求下进行可靠性优化后，孔结构装甲的孔直径由6.00 mm减小为5.06 mm，孔间距由 10.00 mm减小为7.83 mm，而装甲上的总孔数呈现增加趋势，优化前后孔结构装甲的结构如图5–8所示。

表5–1 孔结构装甲优化参数结果

变化量	孔直径	孔间隙	每列孔数	每行孔数
初始结构	6.00	10.00	10	11
优化后结构	5.06	7.83	13	15

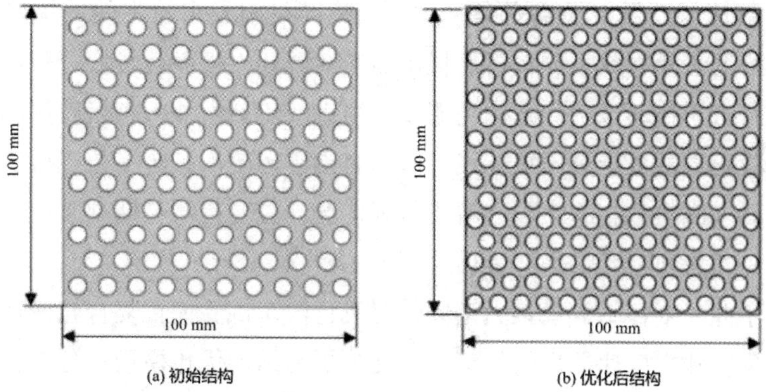

图5–8　可靠性优化设计前后的孔结构装甲

为了验证可靠性优化的效果，在入射角度为90°、入射速度为 854 m/s 的条件下，将孔结构装甲的优化参数代入数值模型进行分析计算，得到优化前后的输出响应以及装甲的质量属性，结果见表5–2所列。在同样的外界条件下，剩余速度响应和剩余质量响应与初始设计相比略有下降，孔结构装甲的面密度下降至2.93 g/cm^2，与初始设计相比，降低了11.5%。可见，装甲经可靠性优化设计后，孔结构的质量显著减轻，并且相应工况下的防护性能也得到一定提升。

表5–2　输出响应和孔结构装甲质量属性

变化量	剩余速度	剩余质量	孔装甲质量（g）	穿孔装甲表面密度（g·cm^{-2}）	轻量化程度（%）
初始结构	794.46	4.739	331.168	3.31	0
优化后结构	739.48	4.557	292.940	2.93	11.5

5.2.2　变速器齿轮的可靠性优化设计

齿轮作为飞行汽车运动和动力传递的重要零部件，其工作可靠性将直接决定飞行汽车的行车安全。齿轮传动失效将会导致飞行器发动机空停、重要零部件破坏以及重大人机安全事故等。疲劳是引发齿轮失效的主要原因之一，飞行器齿轮失效主要包括齿根弯曲疲劳破坏、齿面接触疲劳破坏等。

飞行汽车传动系统除结构类型设计须进一步开发外，其齿轮传动可靠性评估与优化方法也十分欠缺。飞行汽车有别于传统汽车与多数飞行器，其齿轮传动要求满足垂直起飞与巡航飞行等工况，且变速器长期处于高速运转工况下，一旦失效将会带来严重后果。

基于此，刘怀举等以某大型倾转翼飞行汽车试验偏置复合轮变速器作为研究对象，建立变速器齿轮传动可靠性分析与结构优化模型，分析各级传动与整体结构的疲劳可靠性，并获得高可靠轻量化的齿轮传动结构参数，为飞行汽车传动系统开发提供支撑。

该飞行汽车变速器齿轮传动疲劳可靠性分析与结构优化模型包括：传动结构与工况分析、疲劳可靠性分析、结构参数优化三部分，技术路线如图5–9所示。

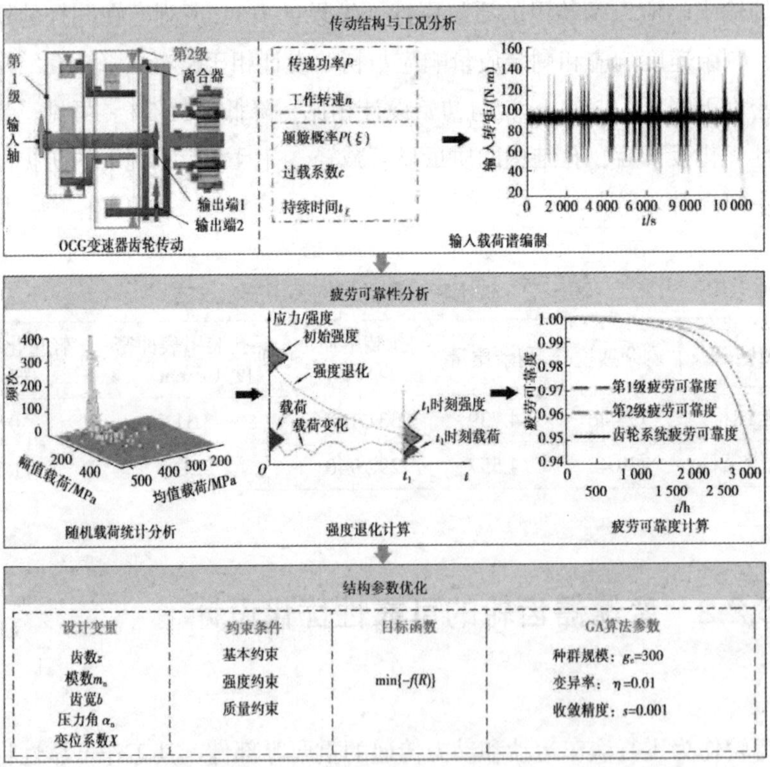

图5–9　齿轮传动疲劳可靠性分析与结构优化技术路线图

某大型倾转翼飞行汽车载客量为90人，巡航速度约为550 km/h，最大航程为2220 km，飞行时由2台发动机驱动，单台发动机的最大功率为3750 kW，工作转速为15 000 r/min，整体结构如图5–10（a）所示。悬停或巡航时，动力经变速系统，推进转子齿轮箱到达旋翼，以提供飞行升力。悬停飞行时旋翼转速约为191 r/min，系统传动比为78.34，巡航飞行时旋翼转速约为96 r/min，传动比为156.67，传动方案如图5–10（b）所示。变速系统主要由偏置复合齿轮变速器与行星齿轮传动组成，偏置复合齿轮变速器主要由两级内啮合直齿轮传动与离合器组成，如图5–10（c）所示。飞行模式的切换由离合器控制，当离合器闭合时发动机动力由输出端1输出，偏置轮与齿圈未啮合，变速器传动比为1。当离合器断开时（图示状态），动力经偏置轮与齿圈传递，由输出端2输出动力，此时传动比为2。由于该飞行汽车正处于测试开发阶段，参考文献的试验工况与结构参数，以试验偏置复合齿轮变速器齿轮传动结构作为研究对象，为研发实物提供设计参考。

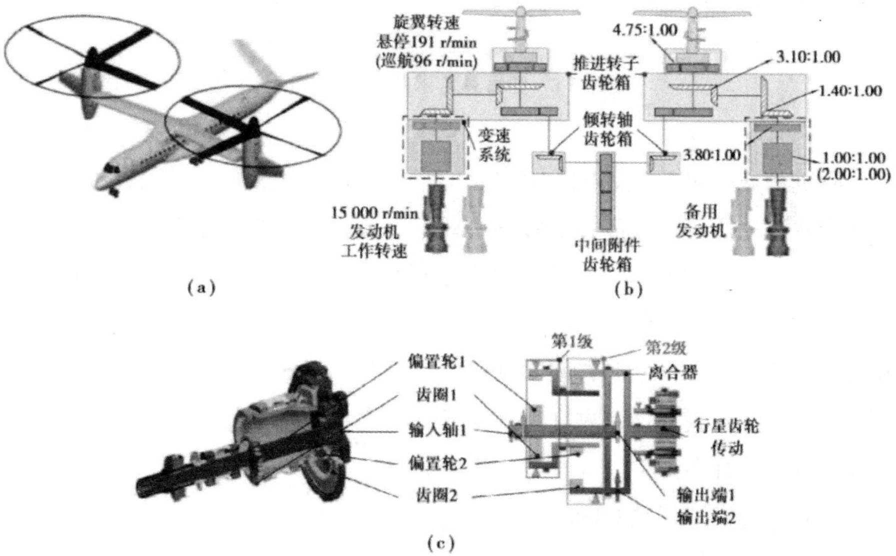

图5–10　某飞行汽车结构与传动结构简图

运用 Matlab软件编写遗传算法，对齿轮结构进行优化，以获得最优结构参数解，求解计算流程图如6–11所示。

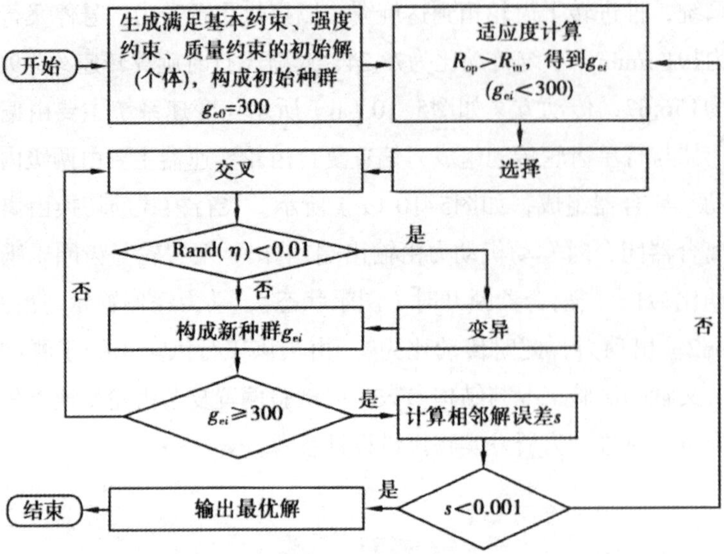

图5–11 遗传算法求解计算流程图

原机构疲劳可靠度如图5–12（a）所示，由于损伤不断累积，该试验变速器齿轮传动疲劳可靠度在服役前半段下降缓慢，后半段下降较快。3000 h服役时间内，该变速器齿轮传动可靠度最低至94.09%。第1级齿轮传动疲劳可靠度较低，最低至95.85%，第2级最低至98.16%。受变速器齿轮传动结构参数的影响，致使两级齿轮传动承受应力差距较大，疲劳强度退化不一致。服役时间内，两级传动可靠度出现差异，且逐步加剧。优化后的齿轮传动结构疲劳可靠度如图5–12（b）所示。在质量适当减小的条件下，优化后的齿轮传动疲劳可靠度提高3.83%。

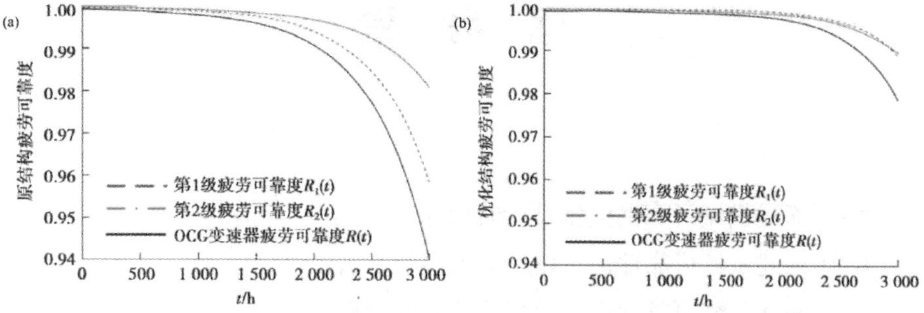

（a）原结构　　　　（b）优化后结构

图5-12　优化后的齿轮传动疲劳可靠度

由于弯曲应力是导致该齿轮传动可靠度下降较快的原因，且第1级弯曲疲劳可靠度变化较大，因此可运用Romax软件，对优化前后结构的齿根应力进行分析。原结构的第1级主动轮齿根处的最大主应力达241.21 MPa，优化结构的第1级主动轮达172.83 MPa，图5-13为有限元分析结果与安全系数的对应图，进一步说明该优化结果的合理性。

（a）原结构

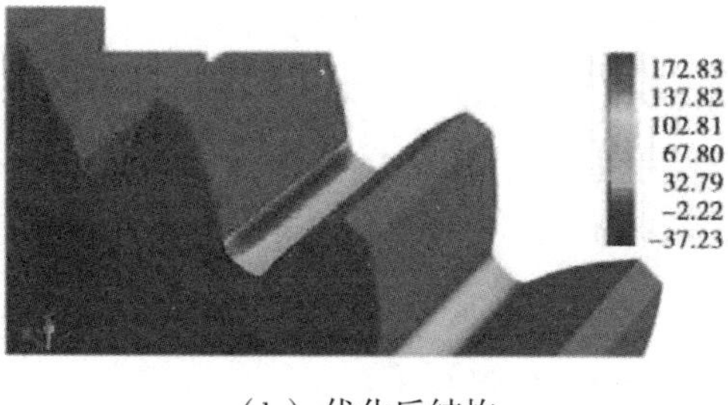

（b）优化后结构

图5-13　第1级主动轮齿根弯曲应力

思 考 题

（1）简述机械可靠性优化设计的指标。

（2）简述机械可靠性优化设计的内容和方法。

（3）简述系统可靠性设计及相关可靠度计算。

（4）已知单级直齿圆柱齿轮减速器的传递功率P=10 kW，主动轴转速n_1=750 r/min，传动比i=4，两班制（8小时/班），使用期限为8年，要求减速器的总可靠度$[R_s^*]$=0.9，大、小齿轮材料均为40C钢，调质处理硬度HB_1 = 240~260，HB_2=210~230。齿轮的精度等级为8-7-7，试用可靠性优化设计方法设计。

（5）松螺栓连接，M12螺栓，材料为Q235，4.6级，设螺栓允许的偏差$\Delta d = \pm 0.015\bar{d}$，承受载荷$F$ =（7000 ± 700）N，求此时的可靠度。

参考文献

[1]蒂尔曼 F A. 系统可靠性最优化[M]. 北京：国防工业出版社，1988.

[2]拉赫亚，古洛. 可靠性设计[M]. 北京：国防工业出版社，2015.

[3]安伟光，蔡荫林，陈卫东. 随机结构系统可靠性分析与优化设计[M]. 哈尔滨：哈尔滨工程大学出版社，2005.

[4]安伟光. 结构系统可靠性和基于可靠性的优化设计[M]. 北京：国防工业出版社，1997.

[5]陈立周，俞必强. 机械优化设计方法[M]. 4版. 北京：冶金工业出版社，2014.

[6]陈立周. 机械优化设计方法 [M]. 3版. 北京：冶金工业出版社，2005.

[7]陈秀宁. 机械优化设计[M]. 杭州：浙江大学出版社，1991.

[8]邓效忠，竺志超. 机械优化设计[M]. 武汉：华中科技大学出版社，2015.

[9]冯景华，李珊，李文春. 现代机械设计理论与方法研究[M]. 北京：中国水利水电出版社，2015.

[10]韩林山. 机械优化设计[M]. 郑州：黄河水利出版社，2003.

[11]何国伟. 可靠性设计[M]. 北京：机械工业出版社，1993.

[12]黄贤振，张义民. 机械可靠性设计理论与应用[M]. 沈阳：东北大学出版社，2019.

[13]李洪双，马远卓. 结构可靠性分析与随机优化设计的统一方法[M]. 北京：国防工业出版社，2015.

[14]李良巧. 机械可靠性设计与分析[M]. 北京：国防工业出版社，1998.

[15]刘混举. 机械可靠性设计[M]. 北京：国防工业出版社，2009.

[16]刘善维. 机械零件的可靠性优化设计[M]. 北京：中国科学技术出版社，1993.

[17]吕新生，张晔. 机械优化设计[M]. 合肥：合肥工业大学出版社，2009.

[18]莫文辉. 机械可靠性设计与随机有限元[M]. 昆明：云南科技出版社，2010.

[19]孙靖民，梁迎春. 机械优化设计[M]. 北京：机械工业出版社，2012.

[20]孙靖民，梁迎春. 机械优化设计[M]. 4版. 北京：机械工业出版社，2007.

[21]孙靖民. 机械优化设计[M]. 北京：机械工业出版社，2005.

[22]孙靖民. 机械优化设计 [M]. 2版. 北京：机械工业出版社，1999.

[23]孙全颖，赖一楠，白清顺. 机械优化设计[M]. 哈尔滨：哈尔滨工业大学出版社，2007.

[24]汪萍，侯慕英. 机械优化设计[M]. 武汉：中国地质大学出版社，2013.

[25]王爱民. 机械可靠性设计[M]. 北京：北京理工大学出版社，2015.

[26]徐灏. 机械设计手册 第2卷 [M]. 2版. 北京：机械工业出版社，2004.

[27]严升明. 机械优化设计[M]. 徐州：中国矿业大学出版社，2003.

[28]杨瑞刚. 机械可靠性设计与应用[M]. 北京：冶金工业出版社，2008.

[29]张燕，刘世豪，廖宇兰. 机械优化设计方法及应用[M]. 北京：化学工业出版社，2015.

[30]张永芝，段志信，姜爱峰. 可靠性与优化设计[M]. 天津：天津大学出版社，2019.

[31]张永芝. 可靠性与优化设计[M]. 天津：天津大学出版社，2019.

[32]朱文予. 机械可靠性设计[M]. 上海：上海交通大学出版社，1992.

[33]孟宪峰. 机械可靠性设计[M]. 北京：冶金工业出版社，2019.

[34]刘海斌. 螺栓连接的可靠性设计[J]. 机械管理开发，2010，25（5）：25–26.

[35]姚晨辉，杨刚，张哲，等. 抗侵彻孔结构装甲的可靠性优化设计[J]. 高压物理学报，2022，36（4）：193–207.

[36]刘根伸，刘怀举，朱才朝，等. 飞行汽车变速器齿轮传动可靠性优化设计[J]. 重庆大学学报，2022，45（4）：1–11.